负刚度减震系统理论与试验

Theoretical and Experimental Studies On Vibration Control System with Negative Stiffness Device

孙　彤　著

中国建筑工业出版社

图书在版编目（CIP）数据

负刚度减震系统理论与试验/孙彤著. —北京：中国
建筑工业出版社，2018.11
　ISBN 978-7-112-22844-7

　Ⅰ. ①负… Ⅱ. ①孙… Ⅲ. ①建筑结构-防震设
计 Ⅳ. ①TU352.104

　中国版本图书馆 CIP 数据核字（2018）第 240038 号

　　本书利用负刚度装置和 SMA 阻尼器的特性，设计了负刚度减震系统，并
对其在楼房和桥梁中的控制效果进行了模拟研究。主要内容包括：绪论；新型
轨道式负刚度装置设计和建模；轨道式负刚度装置振动台研究及数值模拟；负
刚度减震系统中的 SMA 阻尼器；基于 Benchmark 模型的负刚度减震系统控制
研究；结论与展望等。

　　责任编辑：杨　杰
　　责任设计：李志立
　　责任校对：焦　乐

负刚度减震系统理论与试验
Theoretical and Experimental Studies On Vibration Control
System with Negative Stiffness Device
孙　彤　著
＊
中国建筑工业出版社出版、发行（北京海淀三里河路 9 号）
各地新华书店、建筑书店经销
霸州市顺浩图文科技发展有限公司制版
北京圣夫亚美印刷有限公司印刷
＊
开本：787×960 毫米　1/16　印张：7　字数：141 千字
2019 年 1 月第一版　　2019 年 1 月第一次印刷
定价：**78.00** 元
ISBN 978-7-112-22844-7
（32964）

前　　言

在众多结构振动控制方式中，被动控制以其可靠的控制效果、维护要求低、无需外部信号和能源输入等特点受到工程师和研究人员的广泛关注，是目前实际应用最多的振动控制技术。目前被动控制方案大多会增加结构刚度，对结构位移响应控制效果较好的同时牺牲了对加速度响应的控制。此外，现有的被动控制还存在着一些明显不足，例如残余变形、震后维护、阻尼器耐久性、安装后对结构产生附加荷载等问题。负刚度控制能够有效降低结构刚度，对剪力响应和加速度响应都有较好控制效果，负刚度控制增加的位移可以通过安装适当的阻尼器进行控制。形状记忆合金（Shape Memory Alloys）具有许多优越的性能，如形状记忆效应、超弹性、耐腐蚀等，是制作高性能阻尼器的理想材料。本书利用负刚度装置和 SMA 阻尼器的特性，设计了负刚度减震系统，并对其在楼房和桥梁中的控制效果进行了模拟研究，主要工作包括以下几个方面：

（1）提出了一种新型轨道式负刚度装置，并通过振动台试验对其力学性能进行了研究。通过循环加载得到不同弹簧预压缩量下负刚度装置的滞回曲线；通过扫频试验测试了负刚度装置的频响性能。提出了负刚度装置的设计方法，建立了轨道式负刚度装置的理论模型，并对其滞回性能进行了数值模拟，试验结果与模拟结果吻合较好。

（2）提出了一种新型多维 SMA 阻尼器，并在万能试验机上对其力学性能进行了测试。20℃室温环境中，在不同加载频率和不同幅值的正弦激励下，分别测试了 SMA 丝不同初始应变时阻尼器的滞回性能。对阻尼器扭转性能也进行了测试。建立了多维 SMA 阻尼器的理论模型，并对其在周期荷载下的力学性能进行了数值模拟，不同幅值下的模拟结果均与试验结果吻合较好，验证了理论模型的有效性。将轨道式负刚度装置和多维 SMA 阻尼器配合使用，构成负刚度减震系统，提出了负刚度减震系统的优化设计方法。

（3）针对第二阶段 Benchmark 高速公路桥模型设计了负刚度减震系统，采用 Simulink 程序编制了模拟程序，研究了其在 Benchmark 高速公路桥问题中的控制效果。结果表明，在 6 条地震波作用下，负刚度减震系统的控制效果与半主动控制的效果相当，以被动的方式实现了半主动的控制效果。

（4）针对智能隔震 Benchmark 楼房问题设计了负刚度减震系统，并研究了其对 Benchmark 隔震模型的控制效果。研究了负刚度系统在七条地震波下的控制效果，并与被动、半主动和主动控制效果对比，结果表明负刚度控制对位移、加速度和基底剪力等响应的控制效果均明显优于其他三种控制方案。

3

目　　录

1　绪论 ·· 1

　1.1　研究背景与意义 ··· 1
　1.2　负刚度控制理论基础 ·· 3
　　1.2.1　负刚度控制简介 ·· 3
　　1.2.2　负刚度控制机理 ·· 4
　　1.2.3　负刚度控制研究现状 ···································· 6
　1.3　形状记忆合金及其特性及应用 ································ 8
　　1.3.1　形状记忆合金特性 ······································ 8
　　1.3.2　形状记忆合金在结构控制中的研究进展 ·················· 10
　　1.3.3　形状记忆合金在其他领域应用 ·························· 14
　1.4　本书研究内容 ·· 15

2　新型轨道式负刚度装置设计和建模 ································· 16

　2.1　引言 ·· 16
　2.2　轨道式负刚度装置设计及工作原理 ···························· 16
　2.3　轨道式负刚度装置理论模型 ·································· 17
　2.4　负刚度装置设计方法 ·· 18
　　2.4.1　强化点确定 ·· 19
　　2.4.2　虚拟屈服点设计 ·· 20
　　2.4.3　NSD 出力幅值设计 ······································ 20
　2.5　轨道式 NSD 模型数值模拟 ·································· 21
　2.6　本章小结 ·· 23

3　轨道式负刚度装置振动台研究及数值模拟 ························· 25

　3.1　试验装置 ·· 25
　3.2　轨道式负刚度装置振动台试验 ································ 27
　　3.2.1　拟静力试验 ·· 27
　　3.2.2　动力试验 ·· 28
　3.3　试验结果与分析 ·· 29

    3.3.1   拟静力试验 ························· 29

    3.3.2   动力试验 ··························· 29

  3.4 **本章小结** ······························· 32

4 **负刚度减震系统中的 SMA 阻尼器** ··············· 33

  4.1 **引言** ································· 33

  4.2 **形状记忆合金本构模型** ····················· 35

    4.2.1   Tanaka 本构模型 ····················· 35

    4.2.2   Liang&Rogers 本构模型 ················ 37

    4.2.3   Brinson 本构模型 ···················· 38

    4.2.4   Graesser-Cozzarelli 本构模型 ············ 39

  4.3 **多维 SMA 阻尼器构造及工作原理** ··············· 40

    4.3.1   多维 SMA 阻尼器构造 ················· 40

    4.3.2   多维 SMA 阻尼器工作原理 ·············· 41

    4.3.3   功能特点 ··························· 41

  4.4 **多维 SMA 阻尼器试验及数值模拟** ·············· 42

    4.4.1   试验概况 ··························· 42

    4.4.2   考察指标 ··························· 43

    4.4.3   试验结果及分析 ····················· 44

    4.4.4   理论模型 ··························· 47

    4.4.5   数值模拟 ··························· 49

  4.5 **负刚度减震系统的优化设计** ·················· 51

    4.5.1   受控结构运动方程 ··················· 51

    4.5.2   目标函数 ··························· 52

    4.5.3   受控结构模型 ······················· 52

    4.5.4   优化过程及结果 ····················· 53

  4.6 **本章小结** ······························· 55

5 **基于 Benchmark 模型的负刚度减震系统控制研究** ······· 57

  5.1 **引言** ································· 57

  5.2 **高速公路桥 Benchmark 模型的负刚度控制** ········· 58

    5.2.1   Benchmark 模型介绍 ·················· 59

    5.2.2   评价指标 ··························· 61

    5.2.3   地震输入 ··························· 64

  5.3 **负刚度减震系统参数设计** ··················· 66

5.4 控制效果 ……………………………………………………………………… 68

5.5 八层智能隔震 Benchmark 楼房模型的负刚度控制 ……………… 74

  5.5.1 Benchmark 楼房模型 ……………………………………………… 74

  5.5.2 隔震系统模型 ……………………………………………………… 76

  5.5.3 评价指标 …………………………………………………………… 78

  5.5.4 地震输入 …………………………………………………………… 79

5.6 负刚度减震系统参数设计 ……………………………………………… 80

5.7 控制效果 …………………………………………………………………… 81

5.8 本章小结 …………………………………………………………………… 89

6 结论与展望 …………………………………………………………………… 91

6.1 结论 ………………………………………………………………………… 91

6.2 创新点 ……………………………………………………………………… 92

6.3 展望 ………………………………………………………………………… 93

参考文献 …………………………………………………………………………… 94

1 绪 论

1.1 研究背景与意义

地震是诸多自然灾害中对人类生命财产威胁最大的一种。其特点是突发性强，堪比核聚变的巨大能量在几十秒时间内转化为地壳动能，造成大量房屋和桥梁倒塌、人员伤亡以及交通、供电、供水等生命线工程瘫痪。仅 2000 年以来，全球 7.0 级以上地震就发生了 80 次，其中 2004 年 12 月 26 日，印度尼西亚苏门答腊岛附近海域发生里氏 9.3 级强烈地震并引发海啸，波及多个国家，共造成22.6 万人死亡或失踪，数十万人无家可归[1]。2008 年 5 月 12 日，中国四川省汶川县发生里氏 8.0 级地震，统计显示，地震造成约 69000 人遇难，逾 37 万人受伤，经济损失超过 1000 亿美元[2]。2010 年 1 月 12 日，海地发生 7.3 级地震，地震造成 27 万人死亡，48 万人无家可归，370 多万人受灾[3]。2010 年 2 月 27日，智利发生 8.8 级特大地震，并引发强烈海啸，灾难造成 802 人死亡，近 200万人流离失所，经济损失达 300 亿美元[4]。2011 年 3 月 11 日，日本发生里氏9.0 级强震，并引发海啸，造成 14063 人死亡、13691 人失踪[5]。2010 年 4 月 14日，中国青海省玉树藏族自治州玉树县发生剧烈地震，最高震级 7.1 级，造成2698 人遇难[6]。图 1.1 为地震中受到损毁的基础设施。

随着经济的发展，城市化进程加快，建筑结构的发展日益趋向大跨度、超高层。复杂的结构形式也层出不穷，地震灾害损失呈加速增长的趋势。许多复杂结构对特定构件的变形有严格要求，例如允许构件进入非线性状态，或者对非线性变形幅度有特定限制。"小震不坏，中震可修，大震不倒"的传统抗震设防原则[7]已经满足不了人们对安全性的要求，更加高效、智能的抗震手段成为各国学者的研究热点。

传统的抗震手段主要有两种：一是通过增加构件截面、采用高强度材料等方式增加结构刚度和强度；二是通过某些构件的变形乃至破坏来消耗能量。这两种抗震手段的成本较高而且抗震效果并不好。1972 年 Yao 教授首次在土木工程领域提出结构控制的概念[8]。经过 40 多年发展，结构控制领域已经结出丰硕成果，并广泛应用于实际工程当中。

结构控制方式主要包括被动控制、主动控制、半主动控制和智能控制[9~12]。其中被动控制具有不需要外部能源输入、装置简单可靠和易于维护等特点，因此受到广泛应用。被动控制从控制机理上分为三大类：基础隔震[13~22]、吸能减震[23~42]和耗能减震[43~71]。隔震系统能够隔离基础和上部结构，减少能量传递，目前的应用有铅芯橡胶隔震支座[19]、摩擦摆隔震支座[17]等；吸能减震是通过在结构上附加与主结构自振频率相近的子结构，利用子结构振动吸收能量，目前主要应用有调谐液体阻尼器[47][54]和调谐质量阻尼器[53][55]；耗能设备能够耗散一部分地震能量，达到保护上部结构的目的，目前主要的耗能装置有黏滞阻尼器[33]、黏弹性阻尼器[36]、金属阻尼器[41]和摩擦阻尼器[51]等。

(a) (b)

(c) (d)

图 1.1　地震中损毁的基础设施

（a）桥梁；（b）楼房；（c）核电站；（d）铁路

Fig. 1.1　Infrastructure destroyed in earthquake

（a）building；（b）bridge；（c）nuclear power station；（d）railway

主动控制系统一般由传感器、计算系统、作动器三部分构成，由于对外部能源、响应速度和日常维护要求较高，其应用范围受到较大限制。

半主动控制是一种以少量外部能源输入改变控制器参数，从而达到控制振动效果的技术。半主动控制系统克服了主动控制耗能巨大的缺点，却能提供与之相当的控制效果。目前半主动控制实现方式主要有变刚度控制系统和变阻尼控制系统两种。

智能控制系统包括算法智能和装置智能两种实现方式。智能算法包括遗传算法[72]、蚁群算法[73]、神经网络[74]等内容。智能装置是指用压电材料、磁流变液体和形状记忆合金等智能材料制造的控制装置[75]。智能控制系统是一种仿生结构体系，具有自监控、自诊断的特征，能够自动判断环境情况并做出相应调整以适应不同荷载工况。

相比其他控制方式，被动控制以其构造简单可靠、无需外部能源和信号采集等特点获得广泛应用。单一的被动控制手段有各自的局限性：隔震系统虽然能够大大降低上部结构受力，却要以巨大的基底位移为代价；耗能装置能够限制位移，又会增加结构刚度，这将造成结构的自振频率增大，受到的剪力增加。日本学者 Iemura[76] 把负刚度概念引入结构控制领域，利用负刚度装置抵消阻尼器增加的刚度，能够达到既降低结构剪力又限制位移的良好控制效果。目前负刚度装置的设计普遍较为复杂，限制了其实际应用。与负刚度装置配合的阻尼器也以黏滞阻尼器为主，存在加工制作较难、液体容易渗漏等缺点，且二者配合使用时均凭经验设置，没有进行系统的优化研究。

1.2 负刚度控制理论基础

1.2.1 负刚度控制简介

负刚度的概念由 Molyneaux 于 1957 年首次提出，随后 Trimboli[77] 和 Platus[78] 提出正负刚度弹簧并联的机械隔震装置。Mizuno[79] 首次提出用于设备隔震的串联正负弹簧主动隔震器。Iemura[80] 研制了负刚度阻尼器，与普通橡胶隔震支座并联形成隔震系统，振动台试验表明该系统可以有效降低结构高频部分地震反应。张建卓[81] 把正负刚度弹簧并联用于超低频精密仪器隔震，试验证明负刚度弹簧把系统频率降低了 87.5％。Sarlis[82] 提出一种框架式负刚度装置，利用杠杆和失稳产生负刚度，传力明确但结构略显复杂。振动台试验证明该装置能够有效降低结构峰值剪力和峰值位移。

传统抗震设计主要依靠增加结构延性，允许结构在大震中出现强非线性行为，以变形来消耗地震能量，达到减小地震反应的目的。这种方法的劣势在于结构经历大震后会伴随出现大位移、永久变形和结构功能受损等问题。Reinhorn 和 Viti[83] 提出了弱化结构的概念，通过引入外加的黏性阻尼器来降低瞬时加速度和层间位移。然而，弱化会导致结构强度降低，变形增大，甚至出现永久位移，本质上是把结构的屈服阶段提前。为解决以上问题，Nagarajaiah 和 Pasala[84] 提出"模拟屈服"的控制理念，并研制了自适应负刚度装置，通过在指定位移引入负刚度达到"虚拟弱化"的效果。

为了直观说明负刚度装置对结构的作用，考虑图 1.2（a）所示力-位移关系。其中，长虚线为普通线性结构的力-位移关系，点虚线为阻尼器滞回曲线，实线为负刚度设备的力-位移曲线。当把负刚度装置加入结构后，如图 1.2（b）所示，u_2 和 F_2 是线性结构在特定激励下的最大位移和对应恢复力。u_3 和 F_3 是加入负刚度装置后整体在同样激励下的最大位移和对应恢复力。灰色实线代表整体力-位移曲线，其结构的恢复力有明显降低，但峰值位移相比未加入 NSD 的结构自身位移有所增加。u'_y 处刚度下降，出现类似屈服的力-位移曲线，其刚度减少值与负刚度值相等。由于结构弱化而增大的位移反应，可以通过引入适当的阻尼装置进行控制，如图 1.2（c）所示，$u'_3 < u_2$。这样由负刚度装置和阻尼器构成的控制系统，能够在控制位移的前提下模拟结构屈服，达到同时控制结构剪力响应和位移响应的效果。

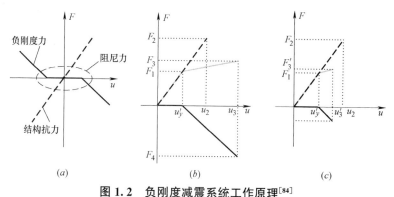

图 1.2 负刚度减震系统工作原理[84]

（a）系统各组成力；（b）结构+NSD；（c）结构+NSD+阻尼器

Fig. 1.2 Working principle of negative stiffness control system

1.2.2 负刚度控制机理

粘弹性阻尼器是常见的被动控制装置，经过多年的研究和工程应用，证明其控制效果明确、有效。研究发现[85]在外部激励频率较高、温度较低、结构变形较小等情况下黏弹性阻尼器的附加刚度效应会比较明显。结构的侧向刚度变大会导致更多的地震能量传导到上部结构，造成剪力增加甚至构件破坏的后果。

负刚度装置的加入能够有效解决这一问题。如图 1.3 所示，单自由度系统自身刚度为 K_p，负刚度装置刚度为 K_n，系统阻尼为 C，结构质量为 m。该系统受到幅值为 P，圆频率为 ω 的正弦激励时，其运动方程为：

$$m\ddot{x}(t) + C\dot{x}(t) + (K_p + K_n)x(t) = P\sin\omega t \tag{1.1}$$

上式可变形为：

$$\ddot{x}(t) + \frac{C}{m}\dot{x}(t) + \frac{K_p + K_n}{m}x(t) = \frac{P}{m}\sin\omega t \tag{1.2}$$

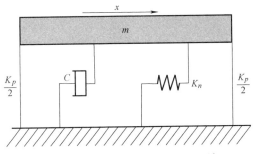

图 1.3 单自由度负刚度减震系统

Fig. 1.3 SDOF negative stiffness system

系统固有频率为：

$$\omega_n=\sqrt{\frac{K_p+K_n}{m}} \tag{1.3}$$

频率比 β 定义为激励频率与固有频率的比，即

$$\beta=\frac{\omega}{\omega_n} \tag{1.4}$$

动力放大系数 D 定义为响应振幅与激励幅值的比值，即

$$D=[(1-\beta^2)^2+(2\xi\beta)^2]^{-0.5} \tag{1.5}$$

最大基底剪力和激励作用力之比定义为传导比 TR：

$$TR=D\sqrt{1+(2\xi\beta)^2} \tag{1.6}$$

可以看出，由于负刚度 K_n 的加入，系统固有频率会有所降低，即频率比 β 会增大，阻尼比 $\xi=\dfrac{C}{2m\omega_n}$ 会增大。稳态振动时动力放大系数变化情况如图 1.4 所示，激振频率和系统固有频率之比越接近 1，动力放大系数 D 也越大，当频率比

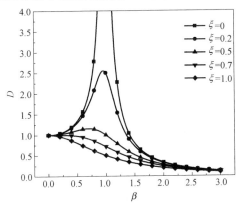

图 1.4 动力放大系数与频率比阻尼比的关系[86]

Fig. 1.4 Dynamic amplification coefficient against frequency ratio and damping ratio

高于 1 时，动力放大系数随频率比增加而降低，所以负刚度减震系统能够有效降低结构在高频激励下的响应。降低结构固有频率即增大频率比 β 对降低高频激励响应有显著效果。阻尼比的增大则能够大大降低动力放大系数峰值。

稳态振动时系统传递系数变化如图 1.5 所示，当频率比大于 $\sqrt{2}$ 时，传递系数值小于 1，即隔震系统起到减小上部结构响应的作用。而当频率比小于 $\sqrt{2}$ 时，阻尼比的增大能够显著减小传递系数峰值，即降低了上部结构的峰值剪力和振幅。

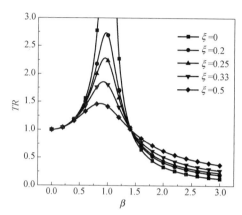

图 1.5 传递系数与频率比阻尼比的关系[86]

Fig. 1.5 Transmit ratio against frequency ratio and damping ratio

综上所述，负刚度装置的使用能够从降低系统固有频率和增加阻尼比两方面降低结构响应，是一种有效的控制手段。

负刚度装置能够有效控制结构的加速度响应，但会导致位移响应的增大，Viti[87] 和 Reinhorn[83] 使用被动阻尼器来降低 NSD 增加的位移。相对于传统的阻尼器只能控制位移反应，负刚度装置和阻尼器构成的控制系统能够对位移和加速度产生更优秀的控制效果。不仅如此，由于轨道型负刚度装置具有连续变化的刚度，位移和加速度谱不会有明显的峰值，且其反应谱的幅值也被大大压缩。

为了达成前述功能目标，负刚度减震系统应具备以下特征：

（1）为了保证系统初始刚度，在设定的小位移范围内，负刚度装置处于待机状态，不参与结构控制。这样的设计也能够避免结构在风荷载等小荷载作用下出现不必要的大位移反应。为此，需要在 NSD 中设置一段"待机区间"，位移没有超出该区间范围时，NSD 不会产生负刚度。

（2）为了产生拟弱化（apparent weakening）的效果，负刚度装置需要在模拟屈服点到结构真实屈服点之间提供负刚度，在位移超过结构真实屈服点之后应该提供正刚度，防止位移过大。这就要求 NSD 能够提供连续的、变化的刚度。

（3）负刚度装置降低结构体系整体刚度，势必带来位移响应变大的后果。需要在控制系统中加入被动阻尼器以控制位移。

1.2.3 负刚度控制研究现状

负刚度控制最早应用于精密机械隔震，国内外许多学者在这方面做了大量研究。Platus[88] 对负刚度机制进行了研究，发现负刚度可以降低受控结构振动频率。Mizuno[89]提出了一种新型负刚度隔震系统，并进行了试验研究，证明了负刚度隔震的有效性。Carrella[90]用一个单自由度振子的隔震说明了负刚度降低振动频率的机理，并提出一种静力刚度高，动态刚度低的变刚度装置，试验表明，该装置不但对机械的振动控制有效，还能一定程度防止装置被细小扰动误触发。国内彭献[91]、陈树年[92]、纪晗[93]等也都对负刚度隔震的原理和应用做了一些探索。在机械隔震方面的大量研究证明，负刚度理论对振动控制有显著效果。

由于其在机械隔震领域的广泛应用，近年来土木工程领域也对负刚度控制给予大量关注，国内外许多学者对负刚度装置在土木工程中的应用进行了大量理论和试验研究。其中，日本京都大学的 Iemura 等[94]提出了利用主动或半主动液压装置来产生负刚度力的拟负刚度系统，结果表明，负刚度装置的滞回曲线与结构本身的正刚度滞回曲线叠加后，能够产生良好塑性特性。Igrashi[95]等对基于 Skyhook 控制系统的负刚度控制进行了一系列性能评估，论证了负刚度对降低结构响应的有效性。Nagarajaiah[96]等提出一种自适应负刚度装置，如图 1.6 所示，其刚度随位移变化而变化，故称'自适应'。该装置利用预压缩弹簧的弹力提供小车水平运动的助力从而提供负刚度，装置中的非线性阻尼器用来控制由于负刚度导致的位移增大。随后，Sarlis 等[97]将其改进，提出一种"集成式"负刚度装置（图 1.7），该装置无需向结构施加任何附加荷载，且能够通过降低结构刚度在较小位移处提前模拟屈服，从而保护主体结构。该装置依赖复杂的机械结构产生负刚度力，通过修改构件参数能够改变装置力学性能，但其过程繁琐，不易操作。Iemura 等[98]提出一种基于摩擦的被动负刚度阻尼器，如图 1.8 所示，该阻尼器利用不锈钢曲面在聚四氟乙烯材料的摩擦板上相对运动的摩擦力来耗散振动能量，振动台试验证明，该装置能够在降低结构绝对加速度响应的同时，限制位移响应。该装置工作时会产生竖向运动，影响结构的安全性和舒适性。综上所述，研制结构简单、出力高效的负刚度装置具有重要意义。

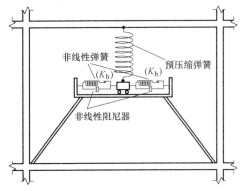

图 1.6 自适应负刚度装置示意图[96]

Fig. 1. 6 Concept of ANSS/Negative Stiffness Device

7

图 1.7 "集成式"负刚度装置示意图[97]

Fig. 1.7 "Package" Negative Stiffness Device

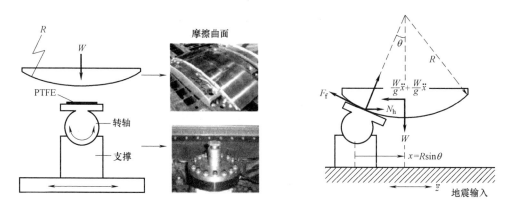

图 1.8 被动摩擦负刚度阻尼器[98]

Fig. 1.8 Friction-based passive negative stiffness damper

1.3 形状记忆合金及其特性及应用

1.3.1 形状记忆合金特性

形状记忆合金（Shape Memory Alloy，简称 SMA）是近年来最受人们重视的一种智能材料。SMA 能够在荷载或者温度作用下发生晶体结构相变，大幅度改变其力学性能。SMA 具有两种结构状态：奥氏体相（Austenite phase）和马氏体相（Martensite phase）。奥氏体具有立方晶体结构且在高温状态下稳定；马氏体具有单斜晶体结构且在低温状态下稳定。当奥氏体相的 SMA 被冷却到转换温度以下时，将转化为马氏体相，称为马氏体正相变（Forward Martensitic Transformation）；同理，当处于马氏体相的 SMA 被加热到其转换温度以上时，它将转化为奥氏体相，称为马氏体逆相变（Inverse Martensitic Transformation）。低温下马氏体有两种存在形式，分别为孪晶马氏体（Twinned Martensite）和去孪晶马氏体（Detwinned Martensite），其中孪晶马氏体是马氏体的初始或者自然状态。当在低温马氏体状态下受到外力荷载作用时，宏观上 SMA 会发生变形，微观上材料会发生去孪晶化反应。弹性应变在卸载后恢复，要消除应力引发马氏体相变导致的残余应变，需要加热 SMA 直到马氏体逆相变发生，材料才会恢复初始形状，其微观相变过程如图 1.9 所示。

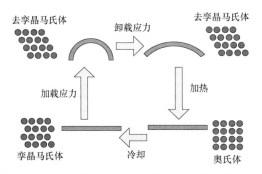

图 1.9 SMA 形状记忆效应及对应晶体结构改变

**Fig. 1.9 Diagram detailing the effects of stress, heating and cooling on SMA
and how the material geometry can be reset by heating**

独特的微观结构使得 SMA 在作为阻尼器耗能材料上有独一无二的优势。首先，顾名思义，形状记忆合金具有形状记忆效应。传统金属发生超过塑性变形后，需要施加反方向的力使其回到初始状态。而当 SMA 变形超过其弹性阶段，卸载后仍然能够在没有施加任何外力的情况下回到初始状态。这种形状记忆效应来自 SMA 内部晶体结构的剪切式改变，且具有可逆特性，称为马氏体相变[99]。马氏体相变按诱发原因可分为温度诱发马氏体相变和应力诱发马氏体相变。形状记忆效应由前者引起。图 1.10 给出形状记忆效应的应力应变关系及相应的微观结构变化过程。

其次，与传统金属材料不同，SMA 具有两种微观结构状态：高温相奥氏体相（Austenite phase）和低温相马氏体相（Martensite phase）。这种特殊的晶体结构让 SMA 具有与众不同的滞回曲线。传统金属必须经历塑性变形才能够出现滞回现象，所以经过一定数量的循环之后，传统金属会被破坏。在超过弹性极限的变形下，SMA 能够通过相变代替塑性变形来耗散能量，晶体结构的改变不会给材料本身带来不可逆的破坏，这就使 SMA 具有了更长的工作寿命。这种通过晶体结构改变来延伸弹性变形范围，并能够在卸载后完全恢复非线性变形的能力称为超弹性（Superelasticity）。这种超弹性应变范围可达到 6%～8%。图 1.11 给出超弹性效应的应力应变关系曲线，以及对应的相变过程。

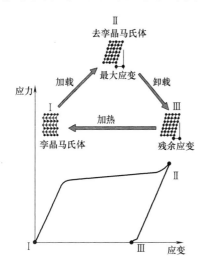

图 1.10　形状记忆效应[107]

Fig. 1.10　Shape memory effect

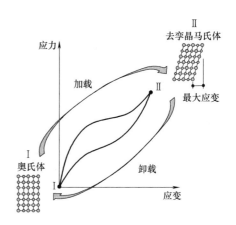

图 1.11　超弹性效应[107]

Fig. 1.11　Superelastic effect

1.3.2　形状记忆合金在结构控制中的研究进展

近十几年来，如何利用 SMA 优良性能进行结构振动控制受到研究人员高度关注。SMA 的微观相变效应使得其具有超弹性和高阻尼性，适合用来制作各式各样的阻尼装置。Graesser 和 Cozzarelli[100]最早提出在结构抗震中使用 SMA 材料作为控制和耗能单元。自此开始，国内外许多学者相继研发并测试了众多 SMA 阻尼器。Robert 等[101]研制了一种中心抽头 SMA 阻尼器（center- tapped device，CT），该阻尼器在温控环境下进行了性能试验，结果表明，该阻尼器耗能能力稳定且具有优秀的抗疲劳特性。加州大学伯克利分校的 Johnson[102]研制了一种 SMA 被动阻尼器（图 1.12），该阻尼器由固定在两根刚性柱的多组 SMA 丝耗散能量，阻尼器在不同初始应变、不同加载频率和不同温度下进行了性能测

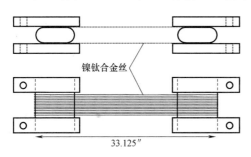

镍钛合金丝

33.125″

图 1.12　SMA 阻尼器示意图[102]

Fig. 1.12　Schematic of SMA damper

试，得到了上述因素与 SMA 阻尼器滞回特性的关系。Dolce Mauro[103]提出了一种新型 SMA 阻尼器（图 1.13），并同过试验研究了该阻尼器力学性能，通过调整 SMA 材料的预应变、温度等参数可以获得不同的滞回特性，SMA 阻尼器在大幅度的滞回过程中表现了稳定的性能，能有效降低结构响应且抗疲劳性能优良。

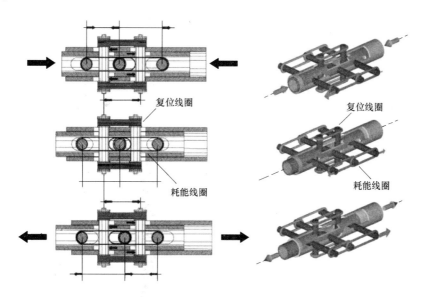

图 1.13 自复位 SMA 阻尼器示意图[103]

Fig. 1.13 Schematic diagram of re-centering SMA damper

李惠[104]等研发了拉伸型 SMA 耗能器和剪刀型 SMA 耗能器（图 1.14），其中利用杠杆原理的剪刀型耗能器还具有将层间位移放大的能力，振动台试验结果

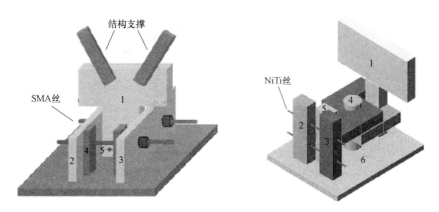

图 1.14 拉伸型和剪刀型 SMA 耗能器[104]

Fig. 1.14 Schematic diagram of tension SMA transducer and scissors SMA transducer

11

表明二者对位移反应有良好的控制效果，对加速度反应也有一定降低。两种SMA 阻尼器均有较好的实际应用价值。

Adachi 等[105]对 SMA 阻尼器做了一系列试验，得到阻尼器在 SMA 马氏体和奥氏体阶段的滞回曲线，振动台试验结果表明形状记忆合金阻尼器在马氏体相状态能提供更优良的控制效果。Tamai 和 Kitagawa[106]把 SMA 材料和钢筋结合起来，提出两种新型抗震耗能装置：SMA 锚栓和 SMA 防屈曲支撑。其中，SMA 锚栓用于柱脚固定，这两种装置的优势在于 SMA 材料可以在震后方便更换。振动台试验表明，这两种装置在框架结构上的应用效果良好，耗能能力稳定。Ozbulut [107]等人测试由 49 根直径 0.885mm 的 NiTi 丝编成的 SMA 缆绳（图 1.15），试验结果表明该缆绳有非常好的超弹性，能够胜任多种实际应用。

Kari 等[108]提出了一种由 SMA 支撑和防屈曲支撑构成的双支撑系统，该系统能够同时降低钢结构的层间位移和残余变形。Miller 等[109]研发了一种带有自复位功能的防屈曲支撑（BRB），即在传统防屈曲支撑中加入预应力 SMA 棒提供恢复力，大尺度试验表明，该防屈曲支撑能够提供稳定的恢复能力和耗能能力。Ozbulut 和 Roschke[110]尝试把 SMA 应用在高层结构的支撑中，他们设计了最优 SMA 阻尼系统，把多根 2mm 直径的 SMA 线包裹在两个低摩擦滚轮上，并用在大尺度钢框架振动台试验验证了该装置的有效性。

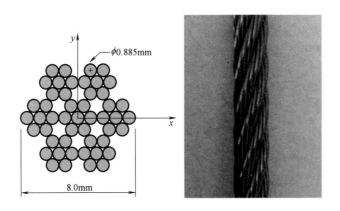

图 1.15　SMA 缆绳及截面示意图[107]

Fig. 1.15　SMA cable and schematic drawing of cable cross section

SMA 的超弹性在隔震系统中的应用也受到一部分研究人员的关注。Attanasi 等[111]变通过理论分析研究了 SMA 在隔震系统中应用的可行性，他们发现单纯靠 SMA 耗散能量的隔震系统的地震响应不如双线性隔震系统的响应令人满意。Ozbulut[112~117]研究了基于 SMA 的橡胶隔震支座（SRB）和超弹性摩擦隔震支座（SFBI）的控制效果（图 1.16）。二者相比，超弹性摩擦隔震支座的控制效果更好，并且所需要的 SMA 质量更小。Dezfuli 和 Alam[118]研究了附加 NiTi，铜基 SMA 和铁基 SMA 后，两种智能橡胶支座的性能。Bhuiyan 和 Alam[119]发现 SMA 丝与高阻尼橡胶支座配合工作能在不影响阻尼的同时使阻尼器具备自复位能力。

强风和交通荷载作用会导致桥梁斜拉索振动，一些学者在尝试利用 SMA 来对其进行控制。Dieng 等[120]用直径 2.46mm 的 SMA 丝对 50m 长的斜拉索进行控制试验，结果表明 SMA 丝将斜拉索位移幅度降低 4 倍。Faravelli 等[121]对包含开环作动器和被动 SMA 丝的混合控制策略进行了试验和数值模拟，结果表明，该混合控制策略具有鲁棒性强和经济的优势，能够克服常规控制方案中作动器布置和模态识别的困难。Mekki 和 Auricchio[122]研究了基于 SMA 的被动控制装置对斜拉索振动控制的最优设计。Sharabash 和 Andrawes[123]通过有限元分析研究了超弹性 SMA 阻尼器对斜拉索的地震响应控制，其中 SMA 阻尼器安装在桥面与桥墩、桥面与桥塔连接处。Torra 等[124]把应变低于 2.5% 的 SMA 丝耗散的能量看做振动幅度的函数，研究了二者关系。试验表明 SMA 丝对斜拉索的阻尼效果明显，且抗疲劳性强。对不同荷载下斜拉索的有限元分析结果与试验结果相符。

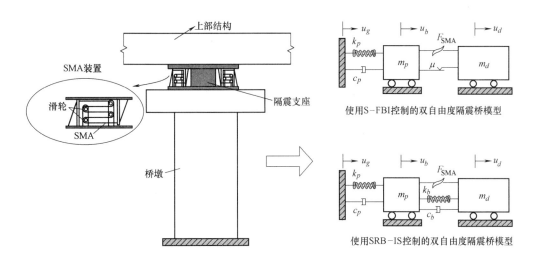

图 1. 16 SRB 和 SFBI 装置示意图[112]

Fig. 1. 16 Schematic drawing of SRB and SFBI

地震作用下桥梁结构会发生大幅位移，甚至发生落梁，研究人员发现 SMA 限位器对控制桥梁位移十分有效，能够有效降低桥梁破坏程度。Andrawes 和 DesRoches[125]对一座使用 SMA 限位器的典型的预应力箱梁桥进行了非线性动力分析，比较了其与传统金属限位器的性能，在十条地震波作用下，SMA 限位器对位移的控制效果大大优于传统的钢制限位器。Guo 等[126]研发了一种含有两根 1.2mm 直径 SMA 丝的限位器，并安装在缩尺桥梁模型上进行了振动台试验，结果表明，SMA 限位器能够有效限制限制桥梁位移。Padgett 等[127]采用一束超弹性 NiTi 丝制作了 SMA 限位器，并对一个 1：4 的四跨混凝土桥梁模型进行振动台试验，试验结果证明了 SMA 限位器对防止落梁的有效性。

修复历史建筑是形状记忆合金已有的实际应用之一，因为使用 SMA 加固所需空间较小，能够最大限度降低对历史建筑的损害，同时又能够提供较大强度和变形，保证加固效果。Indirli 等[128]用一种基于 SMA 的阻尼器修复意大利的一座古代钟楼，该阻尼器含有 60 根直径 1mm，长度 300mm 的 NiTi 丝。AlSaleh 等[129]对利用 SMA 修复清真寺的宣礼塔进行了试验研究，使用 3.5mm 直径的 SMA 丝对 16：1 的宣礼塔模型进行加固。

1.3.3　形状记忆合金在其他领域应用

目前形状记忆合金主要有铜铝镍合金（copper-aluminium-nickel）和镍钛合金（NiTi）两种，其他金属（如锌、铜、金、铁等）的掺入也能得到不同性质的形状记忆合金[130]。其中，NiTi 合金虽然较为昂贵，但其优秀的超弹性和形状记忆特性使得它成为各种实际应用的首选。形状记忆合金的一大优势是其低廉的成本，例如直径 0.381mm 的 SMA 丝能够产生 19N 的拉力，每米长度成本在 1 元以内。由于单位重量能够提供的力较大，形状记忆合金可以用来取代马达等作动器，且不存在常规作动器的噪声问题。

SMA 具有良好的抗腐蚀性能、延性和生物相容性。目前形状记忆合金广泛应用于医疗、航天、建筑和机械等方面，表 1.1 列出一些形状记忆合金常见的应用。

在具有优良性能的同时，形状记忆合金也存在一些不利于应用的特性。形状记忆效应的强非线性使得应用 SMA 的控制系统较为复杂；由于自然条件下冷却速度较慢，产生形状记忆效应的动力滞回过程也会较慢；SMA 的热力学特性除了与合金的构成成分有关，还受到加热、冷却等制造工艺的影响，这些流程很难精确重复，所以不同批次的形状记忆合金的性能会有所差别。

| 形状记忆合金的应用举例 | | 表 1.1 |
| **Some applications of Shape Memory Alloys** | | **Tab. 1.1** |
应用	详细情况	利用特性
消防喷头[131]	火灾发生时高温触发	形状记忆效应
血栓过滤器[132]	植入血管中捕获血栓	超弹性
流量阀[133]	SMA 通过加热冷却对设定流量开关	形状记忆效应

应用	详细情况	利用特性
导尿管[134]	导尿管方便植入人体,且容许人体活动导致的变形	超弹性
眼镜框[135]	容许大变形,轻质	超弹性
服装[135]	SMA 的超弹性使得服装不易褶皱	超弹性
血管支架[136]	支架撑开血管使血液流通带走血栓	形状记忆效应
牙齿矫正丝[137]	超弹性特质使得患者更舒适,耐腐蚀特质能够减少调整次数	超弹性
建筑结构[138][139]	SMA 用来加固结构,增强变形能力,耗散更多能量。也可以作动态静态控制。	超弹性和形状记忆效应
机器人[140]	SMA 用作作动器和控制部件	形状记忆效应

1.4 本书研究内容

国内外对于负刚度减震控制在土木结构中的应用研究尚处于起步阶段。本书主要内容包括以下几个方面:

(1) 提出并制作了一种新型轨道式负刚度装置,利用振动台试验对其性能进行了详细测试,静力试验测试了不同弹簧预压缩量对负刚度装置力学性能的影响。动力试验分别以扫频和扫幅的方式测试了不同频率和幅值的输入下负刚度装置的力学性能。根据 NSD 工作原理建立了力学模型,通过数值模拟对其力学性能进行研究并与试验结果进行了对比,验证了理论模型的有效性。

(2) 提出并制作了一种新型多维形状记忆合金阻尼器,该阻尼器由超弹性SMA 丝作为耗能单元,能够提供拉压和扭转维度上的阻尼。其结构合理,传力明确,能够充分发挥 SMA 丝材的性能。对阻尼器进行了单轴拉压和扭转循环力学试验,研究了位移维度、幅值及加载频率对其滞回性能的影响。并根据阻尼器工作原理,建立力学模型,通过数值模拟对其力学性能进行研究并与试验结果进行了对比,验证了理论模型的有效性。将轨道式负刚度装置和 SMA 阻尼器结合起来,形成负刚度减震系统,并提出了一种简洁有效的优化设计方案。以一栋五层楼房模型为例,进行了负刚度减震系统的优化设计,优化结果兼顾了对基底剪力和基底位移的控制,对层间位移和楼层加速度也有较好的控制效果。

(3) 分别针对智能隔震楼房 Benchmark 模型和高速公路桥 Benchmark 模型设计了负刚度 SMA 控制系统,通过 Simulink 程序分别模拟了 6 个和 7 个地震输入下结构的响应情况。智能隔震楼房模型中,负刚度 SMA 控制系统的效果远远优于被动控制,甚至略优于主动控制。高速公路桥 Benchmark 模型中,负刚度SMA 控制系统的控制效果优于被动控制,接近半主动控制,可见适当的设置阻尼器能够有效限制由于加入负刚度装置而增大的位移。

2 新型轨道式负刚度装置设计和建模

2.1 引言

国内外学者提出了多种基于负刚度理论的控制方案，Iemura 等[141]提出一种半主动拟负刚度控制算法，基础隔震的 Benchmark 研究表明，该算法耗能能力与摩擦阻尼器相当，而且克服了摩擦阻尼器的附加刚度效应。Iemura 等[142]还提出另一种利用突起钟摆式支座实现负刚度控制的方案，结构自重作用于突起的弧形支座上产生侧向反作用力（与摩擦摆隔震支座[143]原理相似，但出力方向相反），同时布置并联的正刚度弹簧以保证结构稳定。突起钟摆式支座是一个不稳定的系统，任意位移都会产生相应的负刚度力。段玉新[144]利用磁致伸缩材料设计了一种负刚度阻尼器。付杰[145]，史鹏飞[146]分别采用磁流变阻尼器实现负刚度控制。这些负刚度控制方案存在种种掣肘：构造复杂、稳定性差、依赖外部能源或信号等。在众多控制方法中，被动控制以其构造简单、响应迅速、控制可靠、无需外部能源等特点，得到广泛应用。

负刚度装置的力-位移曲线直接影响其控制效果。为了模拟结构屈服行为，我们希望结构在较小位移时能够保持原刚度，位移超过预先设置的虚拟屈服点后，负刚度装置再进入工作状态，降低结构刚度，如图 1.2 所示。理想的负刚度装置应该存在保护机制，能够在位移过大时强化刚度，防止结构破坏。为了达到这些功能，负刚度装置必须具备提供复杂力-位移曲线的能力。

本章采用被动控制思路提出一种新型负刚度装置，在具有被动控制优势的前提下，还能够改善以往负刚度装置构造复杂、有残余变形等缺点。在其出力峰值范围内，该装置能够产生几乎任意的力-位移曲线。本章根据新型负刚度装置特点，建立了负刚度装置的理论模型，并对其进行了数值模拟。

2.2 轨道式负刚度装置设计及工作原理

本章提出的新型轨道式负刚度装置如图 2.1 所示，主要由支撑块（1）、预压缩弹簧（2）、滚轮（3）和轨道块（4）构成。支撑块通过螺栓连接上部结构，预压缩弹簧一端固接在支撑块侧面上，一端设置滚轮，弹簧的预压缩量确保滚轮一直被弹力压在轨道块上，轨道块固接在基础上。被压在轨道块上的滚轮将受到轨道块的反作用力，该反作用力垂直弹簧方向的分量即为 NSD 的负刚度力。可以看出，其出力大小与滚轮在轨道块上的位置，即上部结构与基础的相对位移相关。所以，调整轨道块曲面设计可以得到特定的力-位移曲线。

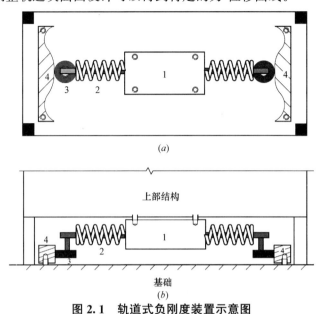

(a)

(b)

图 2.1 轨道式负刚度装置示意图

(a) 俯视图；(b) 侧视图

Fig. 2.1 Schematic diagram of the negative stiffness device

(a) top view；(b) front view

2.3 轨道式负刚度装置理论模型

轨道式负刚度装置的建模主要是建立轨道曲面的母线方程 $f(x)$ 和作用于上部结构的负刚度力 F 之间的关系。在平面直角坐标系中建立轨道式负刚度装置的受力原理如图 2.2 所示。假设滚轮和轨道块均为刚体，轨道曲面母线方程为 $f(x)$，其幅值为 A。

滚轮被弹簧压向轨道块，受到轨道块垂直于切线的反作用力，其大小为 $N \cdot \cos\alpha$，这个反作用力可分解为 x 轴和 y 轴两个方向的分力，x 轴的分力即为负刚度力 F，由下式给出：

$$F = N \cdot \cos\alpha \cdot \sin\alpha = N \cdot \frac{\tan\alpha}{1 + \tan^2\alpha} \tag{2.1}$$

其中，α 为滚轮和轨道块接触点处切线与 x 轴夹角，N 为预压缩弹簧弹力。

弹簧弹力 N 由下式给出：

$$N = k \cdot \Delta L_x \tag{2.2}$$

其中，k 为预压缩弹簧的刚度，ΔL_x 为弹簧在 x 处的压缩长度。x_0 为滚轮初始位置，在 x 处弹簧压缩长度为 $\Delta L_x = \Delta L + f(x) - f(x_0)$，$\Delta L$ 为弹簧预压缩量。所以式（2.2）可写作：

$$N = k \cdot (\Delta L + f(x) - f(x_0)) \tag{2.3}$$

把式（2.2），式（2.3）和式（2.4）带入式（2.1）中，且考虑 $\tan\alpha$ 即为 $f(x)$ 在 x 处倒数，即 $f'(x) = \tan\alpha$，装置产生的负刚度力为：

$$F = k \cdot [\Delta L + f(x) - f(x_0)] \cdot \frac{f'(x)}{1 + (f'(x))^2} \tag{2.4}$$

轨道式 NSD 能够提供的负刚度 $K(x)$ 为：

$$K(x) = \frac{\mathrm{d}F}{\mathrm{d}x} \tag{2.5}$$

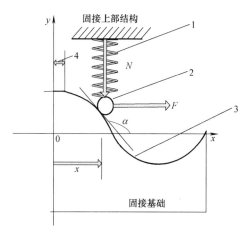

图 2.2 轨道式 NSD 受力模型

1—预压缩弹簧；2—滚轮；3—轨道块；4—水平段

Fig. 2.2 Mechanical modelling of the NSD

1. pre-compressed spring；2. roller；3. curued block；4. flat gap

2.4 负刚度装置设计方法

如同前文所述，负刚度装置设计中有以下几个重要控制参数需要注意：强化点，虚拟屈服点和设备的出力峰值。以上三点在轨道式 NSD 的典型力-位移曲线中的对应位置如图 2.3 所示。负刚度的起始位置即为虚拟屈服点，正刚度起始位置即为强化点。轨道块曲面母线方程 $f(x)$ 与这三者的关系将会在后文详细讨论。由于具有计算方便、曲线对称和可塑性强等特点，本书选择三角函数作为轨道块曲面母线方程，其形式为：

$$f(x) = A\cos(\omega x) \tag{2.6}$$

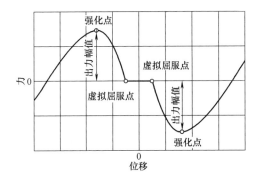

图 2.3 轨道式 NSD 典型力-位移曲线

Fig. 2.3 Schematic diagram of the force-displacement loop of a typical NSD

轨道块的设计主要是确定强化点、虚拟屈服点和出力幅值，下面详细讨论这三个参数的确定方法。

2.4.1 强化点确定

由式（2.2）、式（2.3）可知，式（2.4）可以写为以下形式：

$$F = N \cdot \frac{f'(x)}{1 + (f'(x))^2} \tag{2.7}$$

所以式（2.5）可以变形为：

$$K(x) = k \frac{f'^2(x)}{1 + f'^2(x)} + N \frac{f''(x)(1 + f'^2(x)) - 2f'^2(x)}{[1 + f'^2(x)]^2}$$

$$= \frac{N \cdot G(x)}{[1 + f'(x)]^2} \tag{2.8}$$

其中，

$$G(x) = f''(x) + \frac{f'^2(x)[1 + f'^2(x)]}{\Delta L + f(x) - f(x_0)} \tag{2.9}$$

由于弹簧预压缩量保证其始终处于受压状态，所以 N 必然为正；$[1 + f'(x)]^2$ 也必为正，故 $K(x)$ 的符号取决于 $G(x)$。

由于弹簧压缩量随位移变化而变化，$G(x)$ 形式复杂，其正负不容易判断。假设弹簧压力 N 不随位置变化而变化，则式（2.5）可变形为：

$$K(x) = N \cdot \frac{f''(x)(1 + f'^2(x)) - 2f''(x)f'(x)}{(1 + f'^2(x))^2} = N \cdot \frac{f''(x)(f'(x) - 1)^2}{(1 + f'^2(x))^2} \tag{2.10}$$

由于预压缩量保证弹簧始终处于受压状态，N 必然为正，故负刚度看 $K(x)$ 的符号取决于 $f''(x)$。实际情况中，若弹簧变化幅度相对预压缩量较小，即幅值

A 相对 ΔL 较小，则可近似看作弹簧弹力 N 保持不变。

下面例子可以比较直观说明这种近似关系，取 $f(x)=0.25\cos\left(\dfrac{2\pi}{3}x\right)$，如图 2.4 所示，在轨道幅值固定情况下，$\Delta L$ 为 A 的 3 倍时，$G(x)$ 和 $f''(x)$ 的图像已经非常接近，且随 ΔL 增大会更加相近。因此，ΔL 与 A 比值足够大时，在可以用 $f''(x)$ 来近似得到 $G(x)$ 符号。容易看出，当滚轮在 1 区域内时，装置产生负刚度，当滚轮在 2 区域内时，轨道式 NSD 产生正刚度。强化点 x_h 可由下式确定：

$$f''(x_h)=0 \tag{2.11}$$

把式（2.6）代入式（2.11）可得

$$x_h=\pm\frac{\pi}{2\omega} \tag{2.12}$$

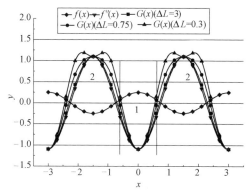

图 2.4　不同 ΔL 下 $f''(x)$ 与 $G(x)$ 的关系

Fig. 2.4　Analysis of $f''(x)$ and $G(x)$ with different values of ΔL

2.4.2　虚拟屈服点设计

为了防止在轻微激励下结构产生较大位移反应，当位移不超过图 2.4 中虚拟屈服点 u'_y 时，结构保持原刚度，负刚度装置不参与控制。当激励较强，结构位移响应超过设置的虚拟屈服点时，负刚度开始参与控制，降低结构剪力和加速度。为了实现上述功能目标，在 NSD 的轨道块中间设置一段长度为 $2u'_y$ 的水平段（零刚度段），其起止点 $-u'_y$ 和 u'_y 即为虚拟屈服点。

2.4.3　NSD 出力幅值设计

出力幅值决定了 NSD 的控制能力，轨道式 NSD 出力的峰值主要由以下几个变量控制：预压缩弹簧刚度 k，弹簧预压缩量 ΔL 和轨道面母线方程 $f(x)$。在确定原结构刚度后，可根据设计所需得到负刚度力大致范围，进而可以大致设定 k

和 ΔL。如前文所述，ΔL 和幅值 A 的比值越大，$f''(x)$ 越趋近于 $G(x)$，所以确定弹簧预压缩力时后，在工程允许的情况下应尽量减小弹簧刚度，增大预压缩长量 ΔL。另外，为了保证弹簧在任何情况下都保持受压状态，幅值 A 和 ΔL 需满足以下关系：

$$A < \frac{\Delta L}{2} \tag{2.13}$$

此时，通过调整轨道面母线方程（2.6）（由于 ω 在设计强化点时已经确定，实际上只需调整幅值 A）即可获得不同的出力峰值，二者关系如图 2.5 所示。可以看出，负刚度力 F 随着幅值 A 增加而连续增加，即在 k 和 ΔL 确定的情况下，设计者可以通过选取合适的幅值 A 来达到负刚度力的设计目标值。

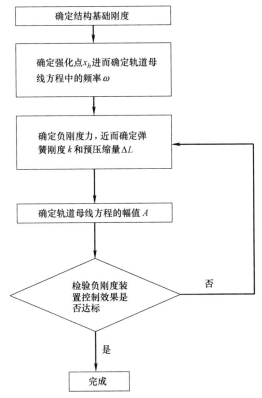

图 2.5　轨道式 NSD 设计流程

Fig. 2.5　Design flow chart of the NSD

2.5　轨道式 NSD 模型数值模拟

本节通过一个轨道式 NSD 的设计实例，具体说明前述设计流程。某结构基础隔震层刚度为 21.02N/mm，设计允许位移 30mm，相应的轨道式 NSD 设计参数如表 2.1 所示。

轨道式 NSD 设计参数　　　　　　　表 2.1
Designed variables of proposed NSD　　　　Tab. 2.1

参数	虚拟屈服点	强化点	装置出力幅值
数值	±6.35mm	±25.4mm	325N

由前文定义 $x_h = 25.40 - 6.35 = 19.05$mm，根据式（2.12）有：

$$\omega = \frac{\pi}{2x_h} = 0.082 \tag{2.14}$$

根据装置出力幅值，选取预压弹簧刚度 $k = 19.30$N/mm，预压缩长度为 $\Delta L = 19.05$mm。在弹簧刚度、预压缩量确定的情况下，轨道式 NSD 出力峰值与轨道面母线幅值 A 关系如图 2.6 所示。为了达到 NSD 出力目标值，选取 $A = 6.35$mm，至此确定 $f(x) = 6.35 \cdot \cos(0.082 \cdot x)$。

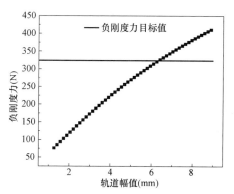

图 2.6　负刚度力 F 与轨道母线幅值 A 的关系

Fig. 2.6　Diagram of relationship between A and F

通过在上述轨道曲线的中间加入水平段，创造一段负刚度装置不参与控制的零刚度段（gap），在零刚度段结束处负刚度装置开始降低结构刚度，以此模拟结构屈服。零刚度段起始点分别为 −6.35mm 和 6.35mm。综上所述，轨道曲面母线方程为：

$$f(x) = \begin{cases} 6.35 \cdot \cos[0.082 \cdot (x+6.35)] & x < -6.35 \\ 6.35 & -6.35 \leqslant x \leqslant 6.35 \\ 6.35 \cdot \cos[0.082 \cdot (x-6.35)] & 6.35 < x \end{cases} \tag{2.15}$$

当位移在强化点 −25.4mm 和 25.4mm 之间时 $f''(x) < 0$，此范围内 $K(x) < 0$，即为轨道式 NSD 提供负刚度的位移区间，如图 2.7 所示。

轨道面母线方程确定后，容易得到该 NSD 的力-位移曲线，如图 2.8 所示。

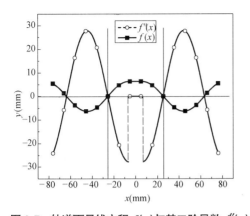

图 2.7　轨道面母线方程 $f(x)$ 与其二阶导数 $f''(x)$
Fig. 2. 7　Plot of designed curve $f(x)$ and its second order derivative

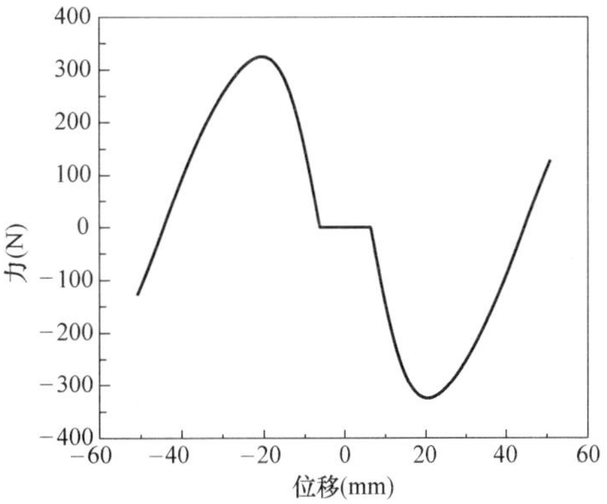

图 2.8　轨道式 NSD 的力-位移曲线
Fig. 2. 8　Schematic diagram of the force-displacement loop of the designed NSD

图中可以看出，设计的负刚度装置准确得达到了强化点，虚拟屈服点和设备的出力峰值三个设计指标。位移在-6.35mm到6.35mm的范围内时，轨道式 NSD 对结构施加负刚度力；当位移超出这个范围时，轨道式 NSD 会产生正刚度，限制结构位移。

　　从前述设计过程中可以看出本书提出的轨道式 NSD 具有以下优点：1）通过调整轨道母线方程的参数（幅值 A 和频率 ω），可以方便地达到各种力学性能设计目标。2）通过调整弹簧预压缩量 ΔL 可以方便调节轨道式 NSD 出力峰值。整个设计过程简单高效。考虑摩擦力，负刚度装置的输出力为：

$$F=F_n+F_f \tag{2.16}$$

其中，F_n 为与位移方向一致的负刚度力，F_f 为负刚度装置沿 x 轴方向的摩擦力。负刚度装置的摩擦力为：

$$F_f=-\text{sgn}(\dot{x})\mu N\cos^2\alpha=-\text{sgn}(\dot{x})\mu N\frac{1}{1+\tan^2\alpha} \tag{2.17}$$

其中，μ 为摩擦系数，$\dot{x}$ 为滚轮在 x 处速度。把式（2.4）和（2.17）带入式（2.16），得到轨道式 NSD 输出力：

$$F=k\cdot[\Delta L+f(x)-f(x_0)]\cdot\frac{f'(x)}{1+(f'(x))^2}-\text{sgn}(\dot{x})\mu N\cos^2\alpha \tag{2.18}$$

2.6　本章小结

　　本章利用弹簧、滚轮和曲面轨道块，设计了一种新型轨道式负刚度装置，详细介绍了该装置的构造和工作原理，构建了轨道式 NSD 的理论模型，并提出了负刚度装置的设计流程，最后对其力学性能进行了数值模拟。通过本章的研究，可以得到以下结论：

（1）本书设计的轨道式 NSD 具有力学性能调节方便、结构简单、拆卸方便的特点，安装后能够在小位移情况下保持结构原有刚度，防止扰动；超过指定位移后能够有效降低整个受控体系的刚度，起到隔震作用；当位移超过指定位移时，该装置会提供正刚度强化结构，防止位移过大造成结构破坏。

（2）根据轨道式 NSD 的结构及工作原理建立了该装置的理论模型，数值模拟结果显示轨道式 NSD 能够有效提供负刚度力，且能够完成刚度随位移变化先降低后升高的设计目标。

（3）提出了轨道式 NSD 的设计方法，将预先设定的受控系统（结构＋NSD）的力-位移曲线简化为强化点、虚拟屈服点和出力幅值三个要素，使 NSD 众多参量的设计变得简洁、高效。该设计流程还可以推广为一般 NSD 的设计方法。

3 轨道式负刚度装置振动台研究及数值模拟

3.1 试验装置

轨道式负刚度装置如图 3.1 所示，轨道块固定在振动台上，预压缩弹簧固定在模拟结构的小车上，为保证弹簧始终与轨道块垂直，在弹簧上方设置定向轴和滑块，滚轮固定在滑块上，滑块由弹簧推动。

图 3.1 轨道式 NSD 试验装置

Fig. 3.1 Rail-type NSD test equipment

根据装置尺寸，设计了轨道块尺寸如图 3.2 所示，图中数字单位为英寸，换算为国际标准单位后其母线方程为：

$$f(x)=\begin{cases} 6.35 \cdot \cos[0.082 \cdot (x+6.35)] & x<-6.35 \\ 6.35 & -6.35 \leqslant x \leqslant 6.35 \\ 6.35 \cdot \cos[0.082 \cdot (x-6.35)] & 6.35<x \end{cases} \quad (3.1)$$

轨道母线方程长度单位为 mm。

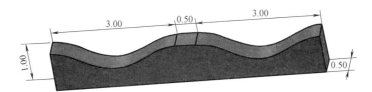

图 3.2 轨道块形状设计

Fig. 3.2 Shape design of curve block

25

静力试验中的力传感器采用美国霍尼韦尔公司的 Low Profile Pancake Load Cell，量程 667.2N（150lbs），精确度 0.1%，设置在地面与小车之间（图 3.3）。直线位移传感器（Linear Variable Differential Transformer，LVDT）采用美国 CARLSBAD 公司的 LX-PA-10 型 LVDT 位移传感器，量程 300mm，精度 0.05%。设置两个 LVDT 传感器，分别测量振动台与小车之间相对位移和小车与地面之间相对位移。采用 NI（National Instruments）的 333B30 型加速度传感器采集加速度信息，配合 NI9234 四通道动态信号采集模块。加速度传感器量程 ±50g，分辨率 0.00007g rms，灵敏度为 100mV/g，设置在小车上。采用 MTS407 控制器控制振动台输入信号，dSPACE 实时仿真系统进行数据采集。试验在美国莱斯大学 Ryon lab 振动台上完成，该振动台台面尺寸 1.5m×1.5m，频率范围 0.1~30Hz，最大位移±150mm。

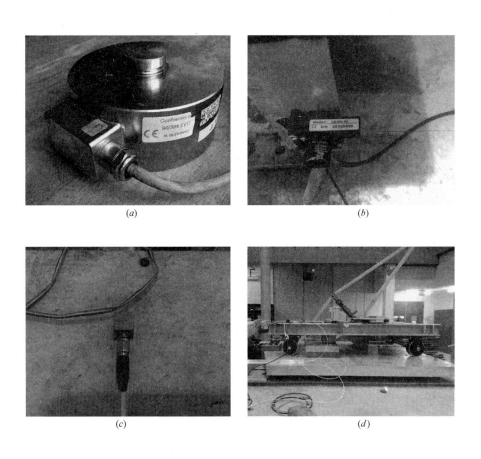

(a)　　　　　　　　　　　　　　　*(b)*

(c)　　　　　　　　　　　　　　　*(d)*

图 3.3　试验装置

（*a*）力传感器；（*b*）LVDT 位移传感器；（*c*）加速度传感器；（*d*）振动台

Fig. 3.3　Test equipment

3.2 轨道式负刚度装置振动台试验

3.2.1 拟静力试验

为了检验负刚度装置的性能，根据前述设计方案，加工制作了轨道式负刚度设备模型，并对其力学性能进行了试验研究。试验是在美国莱斯大学 Ryon 试验室振动台上进行，试验装置示意图如图 3.4 所示，实验装置照片图 3.5 所示，曲面块长度 165.1mm（6.5 英寸），滚轮直径 40mm，最大位移行程±300mm，预压弹簧刚度 21N/mm。小车质量 165.7kg，试验过程由计算机控制，采用正弦波等频率加卸载，力和位移结果由计算机自动采集。小车与图 3.5 中左侧白色横梁由 load cell 连接，与振动台由一刚度为 120lbs/inch（21N/mm）的弹簧连接，作为结构刚度，试验过程中振动台运动而小车相对地面静止。加载频率 0.05Hz，没有初始位移，位移幅值为 25.4mm。弹簧预压长度分别取 12.70mm、19.05mm、25.40mm（0.50 英寸、0.75 英寸、1.00 英寸）加载频率和位移幅值不变，重复试验。

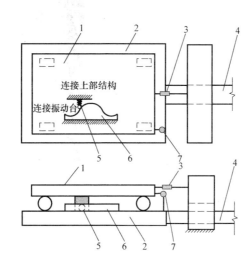

图 3.4　试验装置示意图

1—小车；2—振动台；3—load cell；4—作动器；5—预压缩弹簧；6—轨道块；7—LVDT

Fig. 3.4　Schematic Diagram of the Experiment Setup

1—SDOF；2—shake table；3—load cell；4—actuator；

5—precompressed spring；6—curve block；7—LVDT

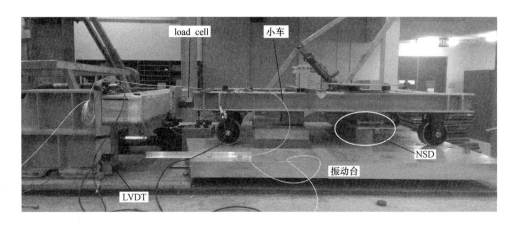

图 3.5　拟静力振动台试验
Fig. 3.5　seudo-static shaking table test

3.2.2　动力试验

　　为了研究小车在动态激励下的反应幅值，动力试验拆除 load cell，使得小车能够在振动台上自由振动。使用 NI 加速度传感器记录加速度时程，由牛顿第二定律得到小车受力信息（图 3.6）。动力试验中负刚度弹簧预压缩量为 12.70mm、19.04mm 和 25.40mm，使用振幅为 8mm 的正弦波，进行扫频振动，扫频范围为 0.1~2.6Hz，分别记录增加频率和降低频率两种扫频模式下结果，每个频率稳定 10s 后记录其振动幅值。

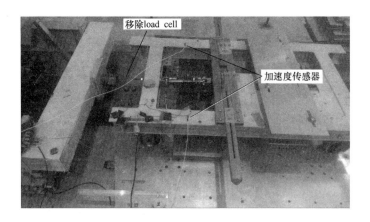

图 3.6　动力振动台试验
Fig. 3.6　Dynamic shaking table test

3.3　试验结果与分析

3.3.1　拟静力试验

拟静力试验得到在预压缩弹簧不同预压缩量下的轨道式 NSD 力-位移关系，如图 3.7 所示。数值模拟得到的相应预压缩量的滞回曲线也显示在图中，作为比较。

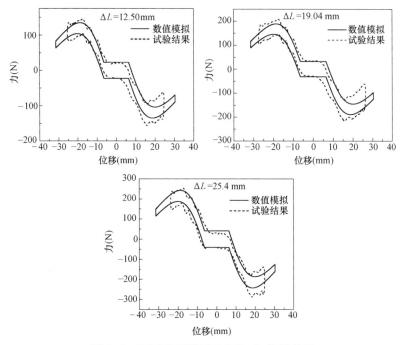

图 3.7　不同预压缩量下 NSD 力-位移关系

Fig. 3. 7　Force-displacement relationship of NSD with different pre-compression

可以看出，轨道式 NSD 平衡点附近出力值保持为零；当位移超过设计的轨道平台时，NSD 立即产生负刚度，且预压缩量越大负刚度越大。当滚轮到达一定位移时，NSD 刚度将渐变为正刚度，可以防止结构位移过大导致构件破坏。图 3.7 中对比可以看出，试验结果与 Simulink 模拟结果吻合较好，验证了理论模型的有效性，为后文 Benchmark 问题研究奠定基础。

3.3.2　动力试验

图 3.8 给出加载频率 0.58Hz，振幅 8.0mm 时，动力试验的加速度和位移时程，并给出试验结果和数值模拟的对比。可以看出，数值模拟的时程结果与试验

基本吻合，进一步证明了理论模型的有效性。

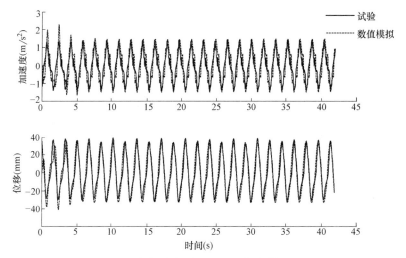

图 3.8　动态试验时程结果和数值模拟对比

Fig. 3.8　Comparisons of response time history between dynamic experimental test and numerical test

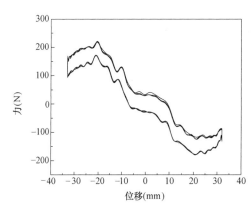

图 3.9　动力试验滞回曲线

Fig. 3.9　Hysteresis loop of dynamic test

通过动力试验中的加速度时程，可以根据牛顿第二定律得到上部结构受力时程，扣除正刚度弹簧的结构抗力，可以得到预压缩量 19.04mm 时负刚度装置的滞回曲线，如图 3.9 所示。动力试验结果与拟静力结果相符，进一步验证了轨道式负刚度装置的有效性。

动力扫频试验得到的反应幅值-激振频率关系如图 3.10 所示。从图中可以看出，在增加频率和降低频率的过程中，都出现了幅值跳跃现象。这是由于在位移超过预设平台长度 6.35mm 时，轨道式 NSD 开始弱化结构刚度，从而导致结构位移响应突然增大。在发生振幅跳跃后，图像上升段均呈现向左拐趋势，这表明负刚度装置有效降低了结构刚度，使整个系统频率下降；图像上升段左拐后走势又向右发展，这是因为当滚轮位移到达轨道块强化点时，负刚度装置会开始强化结构刚度，使整个受控系统自振频率上升。很明显，随着负刚度力的增大，这种趋势会越来越明显，在本实验中体现为预压缩量越大，上述 S 形趋势越明显。

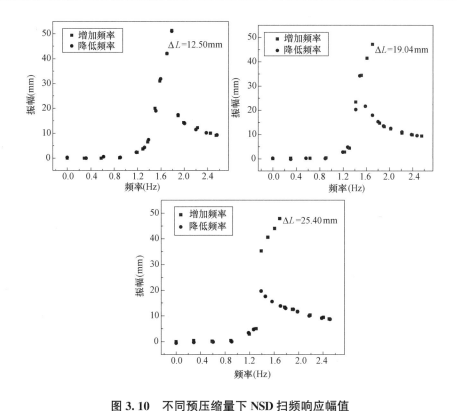

图 3.10 不同预压缩量下 NSD 扫频响应幅值

Fig. 3. 10 Displacement response of NSD with different pre-compression

图 3.11 给出弹簧预压缩量为 19.04mm 时，加载频率为 0.05Hz 和 1.68Hz

时的 NSD 滞回曲线，可以看出，加载频率对负刚度装置出力幅值、强化点位置影响不大。主要变化是低频加载时滞回曲线中间位置的水平段在高频加载时变成倾斜，即在轨道块的水平部分也产生了负刚度。这是因为随加载频率增加，滚轮在轨道块上运动速度会变大，当速度增大到一定程度时，由于惯性作用，滚轮会在经过轨道水平段时产生"跳跃"现象，使得轨道水平段的设计效果降低。实际应用中可以通过将轨道块曲面设计成更加缓和的形状来降低滚轮"跳跃"现象。

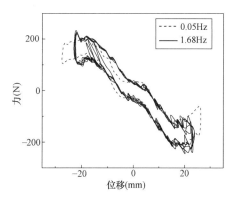

图 3. 11 不同加载频率下 NSD 的滞回曲线

Fig. 3. 11 Hysterisis loops of NSD under

different load frequency

3.4 本章小结

本章详细介绍了轨道式 NSD 振动台试验的试验装置和试验过程，研究了轨道式负刚度装置在循环荷载作用下的力学特性，并用 Matlab/Simulink 对其力学性能进行了数值模拟。研究结论如下：

1. 拟静力试验得到轨道式 NSD 的力-位移曲线，在位移小于预设虚拟屈服点时，NSD 不提供负刚度；当位移超过强化点时，NSD 提供正刚度强化结构；当位移在二者之间时，NSD 能够有效产生负刚度力，弱化结构，起隔震作用。试验表明，轨道式 NSD 能够达到设计目标。

2. 拆除 load cell 后小车能够在振动台上自由振动，在此条件下进行动力试验，得到的滞回曲线与拟静力结果相符，说明低频加载（试验为 0.6Hz）对轨道式 NSD 性能影响不大。扫频试验结果能够明显看出结构先被弱化然后被强化，且随着弹簧预压缩量增大，这种趋势更加明显。在高频激励下工作时，拟静力试验的力-位移曲线中的平衡位置附近的水平段趋向负刚度方向，这是由于滚轮在速度较快时会出现跳跃现象，优化设计轨道块曲面能够有效解决这个问题。

3. 试验结果与数值模拟结果吻合较好，证明理论模型的准确性和有效性，为后文 Benchmark 问题研究奠定基础。

4　负刚度减震系统中的 SMA 阻尼器

4.1　引言

如本书第一章所述，负刚度减震系统由负刚度装置和阻尼器构成。性能优良、工作稳定的阻尼器对负刚度减震系统至关重要。形状记忆合金（shape memory alloy，SMA）阻尼器具有耗能能力强、耐久性优良和抗疲劳等特点，适合与负刚度装置配合使用。

形状记忆合金是一种能够在相位变化过程中产生巨大应力应变的材料。1932年，瑞典物理学家 Arne Olander 发现，在发生塑性变形后，Au-Cd 合金能够通过加热恢复到初始形状[147]，这种特性被称为形状记忆效应。之后的二十多年，研究人员并未对形状记忆合金进行深入研究，直到 1958 年，Chang 和 Read 在布鲁塞尔世界博览会上利用 Au-Cd 合金提拉起一块重物，这是形状记忆合金的首次实际应用。1961 年，William Buehler[148]的研究小组在美国海军军械研究实验室发现了镍钛合金具有形状记忆效应，这种材料被称为镍钛诺。以其相比之前形状记忆合金更强的变形能力，镍钛诺的发现被认为是 SMA 研究的里程碑。

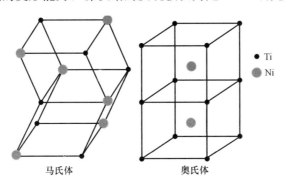

图 4.1　NiTi 合金的马氏体和奥氏体结构[145]

Fig. 4.1　Unit cell of NiTi in the low temperature（martensite）
and the high temperature（austenite）phases

形状记忆合金通过微观结构的相变产生形状记忆效应。通常情况下形状记忆合金在高温下处于奥氏体状态（austenite），在低温下处于马氏体状态（martensite）。奥氏体晶体结构为面心立方结构（face-centered），即晶格点在晶胞结构表面；马氏体为体心立方结构（body-centered），即晶格点在晶胞结构内部，如图 4.1 所示。形状记忆合金在低温马氏体相时受外力作用而变形后，通过加热会发生马氏体向奥氏体的相变，宏观表现为变形自动恢复，即形状记忆效应。SMA 相变开始和结束对应的温度被称为相变温度，在一个相变循环中有四个相变温度。以奥氏体相为起点，当温度下降到特定温度时，材料微观结构开始向马氏体转变，这个温度被称为马氏体起始温度，记作 M_s。随着温度进一步降低，越来越多的奥氏体相变为马氏体，在某个特定温度所有奥氏体都转化为马氏体，这个温度被称为马氏体终止温度，记作 M_f。温度进一步降低，材料将稳定在孪晶马氏体相，如果没有外力作用不会改变。加热材料到马氏体开始向奥氏体转化的温度，定义为奥氏体起始温度 A_s。随温度升高越来越多马氏体转化为奥氏体，所有马氏体转化完毕的温度定义为奥氏体终止温度 A_f，合金处于高温稳定的奥氏体状态。图 4.2 给出了形状记忆效应的温度变化循环，可以看出，SMA 冷却时，应变增加；SMA 被加热时，应变降低。

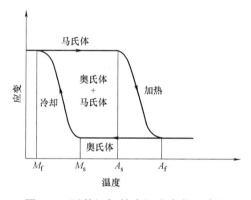

图 4.2　形状记忆效应温度变化示意图

Fig. 4.2　Heating and cooling of SMA wire showing shape memory effect

在高温条件下，形状记忆合金最大能够恢复 $6\%\sim8\%$ 的应变，这种弹性阶段远超普通材料的特性被称为超弹性[149]。SMA 在高温状态下受到外力作用，奥氏体会相变为一种不稳定的马氏体，去除外力荷载后，不稳定马氏体会自动回到高温下稳定的奥氏体状态，宏观表现为形状记忆合金的变形恢复[150]。由于微观结构的相变参与材料变形，使得材料具有较强非线性，耗能能力优秀。超弹性的应力-应变曲线如图 4.3 所示，加载段与普通金属材料类似，弹性阶段结束后SMA 屈服，图像斜率大大降低；卸载段应变会较快恢复，与加载段弹性阶段直线汇合后弹性卸载。

由于形状记忆合金具有抗腐蚀、超弹性和形状记忆效应等优良性能，研究人员开发了各种 SMA 阻尼器[151~176]，但这些阻尼器绝大多数只能提供一维拉压阻

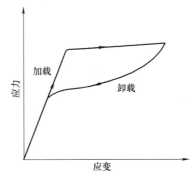

图 4.3 高温形状记忆合金超弹性应力应变曲线[150]

Fig. 4. 3 Stress-strain behavior of an SMA in its high-temperature phase known as pseusoelastic (superelastic) effect (SME)

尼，应用范围受到限制；少数能够提供多维阻尼[177][178]，但对材料性能利用效率较低，耗能能力较差，开发出高效、可靠的多维阻尼器是实现地震激励下结构多维振动控制亟待解决的实际问题。

本章利用 SMA 的优良特性，设计并制作了多维 SMA 阻尼器，通过循环加载试验研究了该阻尼器的拉伸向和扭转向的力学性能。根据阻尼器构造和 SMA 本构方程，建立了阻尼器拉伸和扭转的理论模型，数值模拟了阻尼器力学性能，通过与试验结果对比，验证了理论模型的正确性。

4.2 形状记忆合金本构模型

相比传统金属材料，形状记忆合金具有独特的力学性能，在振动控制、机械制造等领域有广泛的应用。为了更好地利用 SMA 性能，各国学者对其本构模型进行了大量研究。

如前文所述，SMA 的滞回性能十分复杂，这使得构建其本构模型的难度极大。近年来，各国研究人员在其中投入大量精力，提出了许多不同的本构模型[179~188]，它们大致可分为两类[189]：宏观唯象模型和微观力学模型。前者是建立在实验基础上，对 SMA 宏观力学行为的近似描述，Tanaka[181]、Liang C[192]、和 Brinson[193]等人提出的模型均为此类；后者是从微观结构层次入手，通过对晶体行为的描述来刻画材料宏观力学性能，此类模型比较有代表性的是 Patoor[182]和 Peultier[190]等提出的本构模型。

4.2.1 Tanaka 本构模型

Tanaka[191]提出了基于热力学理论的 SMA 本构模型，能量平衡方程和克劳

修斯-迪昂不等式可写作:

$$\rho \dot{U} - \hat{\sigma} L + \frac{\partial q_{\mathrm{sur}}}{\partial x} - \rho q = 0 \tag{4.1}$$

$$\rho \dot{S} - \rho \frac{q}{T} + \frac{\partial}{\partial x} \left(\frac{q_{\mathrm{sur}}}{T} \right) \geqslant 0 \tag{4.2}$$

式中,$\dot{U}$ 为内能密度;$\hat{\sigma}$ 为柯西应力;q_{sur} 为热流量;L 为速率梯度;q 为热源密度;S 为熵密度;ρ 为当前构形密度;T 为温度;x 为材料坐标。

式(4.1)和式(4.2)可写作初始构形下形式:

$$\rho_0 \dot{U} - \sigma \dot{\varepsilon} + f^{-1} \frac{\rho_0}{\rho} \frac{\partial q_{\mathrm{sur}}}{\partial x} - \rho_0 q = 0 \tag{4.3}$$

$$\rho_0 \dot{S} - \rho_0 \frac{q}{T} + f^{-1} \frac{\rho_0}{\rho T} \frac{\partial q_{\mathrm{sur}}}{\partial x} - f^{-1} \frac{\rho_0 q_{\mathrm{sur}}}{\rho T^2} \frac{\partial T}{\partial x} \geqslant 0 \tag{4.4}$$

其中,ρ_0 为初始构形密度,f 为变形梯度;σ 为第二类皮奥拉·柯克霍夫应力,ε 为格林应变,分别由下式给出:

$$\sigma = \frac{\rho_0}{\rho} \frac{\hat{\sigma}}{f^2}, \quad \varepsilon = \frac{f^2 - 1}{2} \tag{4.5}$$

该模型用应变 ε,温度 T 和马氏体含量系数 ζ 描述 SMA 的状态。当 SMA 完全处于奥氏体相(温度高于 A_f)时,马氏体含量系数 $\zeta = 0$;当 SMA 完全由马氏体构成时(温度低于 M_f,$\zeta = 1$。引入亥姆霍兹自由能(Helmholtz free energy)$\Phi = U - TS$,$\Phi = \Phi(\varepsilon, \xi, T)$,对时间求导,得到:

$$\dot{\Phi} = \frac{\partial \Phi}{\partial \varepsilon} \dot{\varepsilon} + \frac{\partial \Phi}{\partial \xi} \dot{\xi} + \frac{\partial \Phi}{\partial T} \dot{T} = \dot{U} - T\dot{S} - \dot{T}S \tag{4.6}$$

把式(4.6)和式(4.3)带入式(4.4),可得:

$$\left(\sigma - \rho_0 \frac{\partial \Phi}{\partial \varepsilon} \right) \dot{\varepsilon} - \left(S + \frac{\partial \Phi}{\partial T} \right) \dot{T} - \frac{\partial \Phi}{\partial \xi} \dot{\xi} - \frac{1}{\rho_0 T} \frac{\rho}{\rho_0} q f^{-1} \frac{\partial T}{\partial x} \geqslant 0 \tag{4.7}$$

式(4.7)恒成立的充分必要条件为 $\dot{\varepsilon}$ 和 $\dot{T}$ 的系数为 0,即:

$$\sigma = \rho_0 \frac{\partial \Phi(\varepsilon, \xi, T)}{\partial \varepsilon} = \sigma(\varepsilon, \xi, T) \tag{4.8}$$

$$S = -\frac{\partial \Phi}{\partial T} \tag{4.9}$$

式(4.8)的微分形式即为 SMA 本构方程:

$$\dot{\sigma} = \frac{\partial \sigma}{\partial \varepsilon} \dot{\varepsilon} + \frac{\partial \sigma}{\partial \xi} \dot{\xi} + \frac{\partial \sigma}{\partial T} \dot{T} = D(\varepsilon, \xi, T) \dot{\varepsilon} + \Omega(\varepsilon, \xi, T) \dot{\xi} + \Theta(\varepsilon, \xi, T) \dot{T} \tag{4.10}$$

式中,

$$D(\varepsilon, \xi, T) = \rho_0 \frac{\partial^2 \phi}{\partial \varepsilon^2}, \Omega(\varepsilon, \xi, T) = \rho_0 \frac{\partial^2 \phi}{\partial \varepsilon \partial \xi}, \Theta(\varepsilon, \xi, T) = \rho_0 \frac{\partial^2 \phi}{\partial \varepsilon \partial T} \tag{4.11}$$

其中,D 为 SMA 弹性模量,Ω 为相变张量,Θ 为 SMA 热弹性张量。

Tanaka 用指数函数描述马氏体含量系数，表达式为：

$$\zeta_{A \to M} = 1 - e^{a_M(M_s - T) + b_M \sigma} \tag{4.12}$$

式中，T 为瞬时温度，σ 为奥氏体向马氏体转化过程中材料的瞬时应力。类似的，从马氏体到奥氏体的相变过程中，马氏体含量系数由式（4.13）给出：

$$\zeta_{M \to A} = e^{a_A(A_s - T) + b_A \sigma} \tag{4.13}$$

式（4.12）和式（4.13）中含有四个常数，a_M、b_M、a_A、b_A。它们可由相变温度（A_s、A_f、M_s、M_f）和应力影响系数（C_A、C_M）计算得出：

$$a_A = \frac{\ln(0.01)}{A_s - A_f} \tag{4.14}$$

$$b_A = \frac{a_A}{C_A} \tag{4.15}$$

$$a_M = \frac{\ln(0.01)}{M_s - M_f} \tag{4.16}$$

$$b_M = \frac{a_M}{C_M} \tag{4.17}$$

如式（4.12）和式（4.13）所示，在温度已知的情况下，相变过程中每个时刻的马氏体含量系数 ζ 和 SMA 应力 σ 都能够由另外一个变量计算得出。所以，Tanaka 模型能够量化描述 SMA 的形状记忆效应和超弹性过程。

4.2.2 Liang＆Rogers 本构模型

Liang 和 Rogers[192] 提出了一种类似于 Tanaka 的本构模型，区别在于 Liang＆Rogers 模型中使用余弦表达式代替 Tanaka 模型中的指数表达式来描述马氏体含量系数 ζ。

$$\zeta_{M \to A} = \frac{\zeta_M}{2} \{\cos[a_A(T - A_s) + b_A \sigma] + 1\} \tag{4.18}$$

$$\zeta_{A \to M} = \frac{1 - \zeta_A}{2} \{\cos[a_M(T - M_f) + b_M \sigma] + \frac{1 + \zeta_A}{2}\} \tag{4.19}$$

其中，ζ_M 和 ζ_A 分别为对应相变开始时刻的马氏体体积含量比例，a_A、b_A、a_M、b_M 由下式定义：

$$a_A = \frac{\pi}{A_f - A_s} \tag{4.20}$$

$$b_A = -\frac{a_A}{C_A} \tag{4.21}$$

$$a_M = \frac{\pi}{M_s - M_f} \tag{4.22}$$

$$b_M = -\frac{a_M}{C_M} \tag{4.23}$$

由能量平衡，增量形式的本构方程为：

$$\dot{\sigma} = D\dot{\varepsilon} + \Theta\dot{T} + \Omega\dot{\zeta} \tag{4.24}$$

其中，$\dot{\sigma}$、$\dot{\varepsilon}$、$\dot{T}$、$\dot{\zeta}$ 分别为应力、应变、温度和马氏体含量系数的变化率，D 为 SMA 的弹性模量，Θ 为材料热弹性张量，Ω 为相变张量。弹性模量 D 和相变张量 Ω 由马氏体含量系数式决定，所以式（4.24）可以写成如下形式：

$$\sigma - \sigma_0 = D(\zeta)(\varepsilon - \varepsilon_0) + \Theta(T - T_0) + \Omega(\zeta)(\zeta - \zeta_0) \tag{4.25}$$

材料完全为奥氏体相时弹性模量记为 D_a，完全为马氏体时弹性模量记为 D_m，模型假定材料整体的弹性模量在 D_a 和 D_m 之间线性变化，如式（4.26）所示：

$$D(\zeta) = D_a + \zeta(D_m - D_a) \tag{4.26}$$

Ω 与 ζ 的函数关系由下式给出：

$$\Omega(\zeta) = -\varepsilon_L D(\zeta) \tag{4.27}$$

其中，ε_L 为 SMA 最大可恢复应变。

Liang 模型在多数情况下对 SMA 力学行为的描述均能达到令人满意的精度，但当 SMA 完全处于孪晶马氏体状态时，即 $T < M_f$，假定初始应变为 $\varepsilon_0 = 0$，保持恒温状态 $T = T_0$，则马氏体含量恒定 $\zeta = 1$，式（4.25）变形为：

$$\sigma = D\varepsilon \tag{4.28}$$

很明显，线性的应力-应变关系无法描述试验观察到的 SMA 滞回特性。

4.2.3 Brinson 本构模型

形状记忆效应由两个微观过程构成，一是相变引起的应变，即温度导致应变（孪晶马氏体）；二是以马氏体相存在时发生应变，即应力导致应变（去孪晶马氏体）。因此，Brinson[193] 把马氏体含量 ζ 定义为应力导致马氏体含量 ζ_s 与温度导致马氏体含量 ζ_t 之和，如式（4.29）所示：

$$\zeta = \zeta_s + \zeta_t \tag{4.29}$$

同 Liang&Rogers 模型[194]一样，Brinson 也使用了三角函数表达式来描述马氏体含量系数，表示如下：

$$\zeta_{M \to A} = \frac{\zeta_0}{2}\cos\left[a_A\left(T - A_s - \frac{\sigma}{C_A}\right)\right] + \frac{\zeta_0}{2} \tag{4.30}$$

$$\zeta_{A \to M} = \frac{1 - \zeta_0}{2}\cos\left[a_M\left(T - M_f - \frac{\sigma}{C_M}\right)\right] + \frac{1 + \zeta_0}{2} \tag{4.31}$$

修正后的本构方程如下：

$$\sigma - \sigma_0 = D(\zeta)\varepsilon - D(\zeta_0)\varepsilon_0 + \Theta(T - T_0) + \Omega(\zeta)\zeta_s - \Omega(\zeta_0)\zeta_{s0} \tag{4.32}$$

Brinson 本构模型克服了 Liang-Rogers 模型无法适用于 SMA 处于低于 M_f 阶段的缺陷，但模型中对加载频率的影响未作考虑。

4. 2. 4 Graesser-Cozzarelli 本构模型

Ozdemir[195]根据塑性和粘塑性理推导了一般金属本构的一维模型，微分形式为：

$$\dot{\sigma} = E\left[\dot{\varepsilon} - |\dot{\varepsilon}|\left(\frac{\sigma-\beta}{Y}\right)^n\right] \tag{4.33}$$

和

$$\dot{\beta} = \alpha E |\dot{\varepsilon}|\left(\frac{\sigma-\beta}{Y}\right)^n \tag{4.34}$$

其中，σ 为一维应力和 ε 为应变；E 为弹性模量；β 是一维背应力；Y 为屈服应力；n 材料常数，用于调整拐点处曲线弧度；α 是一个调整非弹性阶段杨氏模量的常数，由下式给定：

$$\alpha = \frac{E_y}{E - E_y} \tag{4.35}$$

式中，E_y 为是 $\sigma-\varepsilon$ 曲线在非弹性阶段的斜率。

Graesser 和 Cozzarelli[196]把误差函数引入式（4.34），并对其积分得到改进的 SMA 本构如下：

$$\beta = \alpha E\{\varepsilon_{in} + f_T |\varepsilon|^c erf(a\varepsilon)[u(-\varepsilon\dot{\varepsilon})]\} \tag{4.36}$$

其中，f_T、a 为调整滞回曲线大小的常数，c 为控制曲线类型的常数，均取决于材料本身，ε_{in} 为非弹性应变，由下式给出：

$$\varepsilon_{in} = \varepsilon - \frac{\sigma}{E} \tag{4.37}$$

误差函数 $erf(x)$ 表达式为：

$$erf(x) = \frac{2}{\sqrt{\pi}}\int_0^x e^{-t^2}\,\mathrm{d}t \tag{4.38}$$

$u(x)$ 是单位阶跃函数，表达式为：

$$u(x) = \begin{cases} +1 & x \geqslant 0 \\ 0 & x < 0 \end{cases} \tag{4.39}$$

Graesser-Cozzarelli 本构模型简洁易用，但无法描述 SMA 在完全马氏体状态下的力学特性。

为克服以上问题，钱辉[197]把 Graesser-Cozzarelli 模型中 SMA 应力表示为准静力荷载（$\dot{\varepsilon}_0 = 1.0 \times 10^{-4}/\mathrm{s}$）引发应力 σ_s 和动力荷载引发应力 σ_k 之和，表示为：

$$\sigma = \sigma_s + \sigma_k \tag{4.40}$$

对式（4.40）求导得：

$$\dot{\sigma}=\dot{\sigma}_\mathrm{s}+\dot{\sigma}_\mathrm{k} \tag{4.41}$$

准静力荷载作引发的应力 σ_s 由下式以微分形式给出：

$$\dot{\sigma}=E\left[\dot{\varepsilon}-|\dot{\varepsilon}|\left|\frac{\sigma_\mathrm{s}-\beta}{Y}\right|^{n-1}\left(\frac{\sigma_\mathrm{s}-\beta}{Y}\right)\right] \tag{4.42}$$

其中

$$\beta=\alpha E\{\varepsilon_\mathrm{in}+f_\mathrm{T}|\varepsilon|^c erf(\alpha\varepsilon)[u(-\varepsilon\dot{\varepsilon})]+f_\mathrm{M}[\varepsilon-\varepsilon_\mathrm{Mf}\mathrm{sgn}(\varepsilon)]^\mathrm{m}[u(\varepsilon\dot{\varepsilon})][u(|\varepsilon|-\varepsilon_\mathrm{Mf})]\}$$
$$\tag{4.43}$$

式中，f_M 和 m 是控制硬化阶段的材料常数，由试验测得。ε_Mf 是马氏体相变完成时对应的应变，符号函数 $\mathrm{sgn}(x)$ 由下式给出：

$$\mathrm{sgn}(x)=\begin{cases}1 & x>0\\0 & x=0\\-1 & x<0\end{cases} \tag{4.44}$$

当 $\dot{\varepsilon}>\dot{\varepsilon}_0$ 时，动力荷载引发的应力 σ_k 由下式给出：

$$\sigma_\mathrm{k}=p\ln\left(\frac{\dot{\varepsilon}}{\dot{\varepsilon}_0}\right)\sqrt{\varepsilon}=p(\ln\dot{\varepsilon}-\ln\dot{\varepsilon}_0)\sqrt{\varepsilon} \tag{4.45}$$

式中，p 为控制滞回曲线形状的材料常数，由试验测得。

当 $\dot{\varepsilon}<-\dot{\varepsilon}_0$ 时，

$$\sigma_\mathrm{k}=q\ln\left(\frac{|\dot{\varepsilon}|}{\dot{\varepsilon}_0}\right)\varepsilon^2=q(\ln|\dot{\varepsilon}|-\ln\dot{\varepsilon}_0)\varepsilon^2 \tag{4.46}$$

其中，q 为材料参数，由试验确定。本书中采用钱辉改进的 Graesser-Cozzarelli 模型构建多维 SMA 阻尼器的理论模型。

4.3　多维 SMA 阻尼器构造及工作原理

4.3.1　多维 SMA 阻尼器构造

多维 SMA 阻尼器的构造如图 4.4 所示，该装置由导轨、滑块、刚性板、奥氏体 SMA 丝、外壳、中心转轴、调节螺栓、固定挡块、定向套管和连接杆组成。刚性板和中心转轴位于外壳的中部，二者牢固连接，可以共同轴向运动及转动。定向导轨固定在外壳上，滑块可以在定向导轨上沿轴向前后滑动，两个滑块之间由奥氏体 SMA 丝连接。刚性板边缘和外壳由垂直 SMA 丝连接，转轴带动刚性板转动时，这些垂直 SMA 丝会被拉伸，从而提供阻尼。固定挡块与外壳牢固连接，阻挡滑块向阻尼器中心方向移动。连接杆与外壳坚固连接，用以固定阻尼器。定向套筒和外壳开洞在同一水平轴上，确保中心转轴能够沿该轴进行平动和转动。每根 SMA 丝都由调节螺栓固定，可根据实际需求调节 SMA 丝初始应力。

需要注意的是：第一，刚性板的宽度决定抵抗扭矩的阻力臂，增大宽度可以获得较大抗矩但会减小转角行程，故应根据实际情况选取最优尺寸；第二，阻尼丝的预拉伸长度越大其刚度越大，但变形能力会减小，故应根据实际需求选取适当预拉伸长度；第三，当多维形状记忆合金阻尼器安装在实际结构上时需要在安装处预装钢板，以便阻尼器的固定。

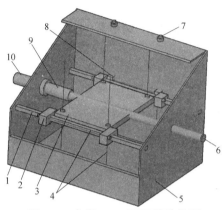

图 4.4　多维 SMA 阻尼器结构图

1—定向导轨；2—滑块；3—刚性板；4—奥氏体 SMA 丝；5—外壳；6—中心转轴
7—调节螺栓；8—固定挡块；9—定向套管；10—连接杆

Fig. 4.4　Diagram of multi－demensional SMA damper

1—track；2—slider；3—rigid plate；4—SMA wire；5—box；
6—rotatian shaft；7—adjusting bolt；8—block；9—bushing；10—connecting rod

4.3.2　多维 SMA 阻尼器工作原理

中心转轴沿轴向运动时，刚性板带动滑块运动，而另一端滑块被固定挡块阻挡，从而使 SMA 丝拉伸；中心转轴扭转时，刚性板随之转动，抗扭转 SMA 丝受到拉伸。外力卸载后，SMA 的超弹性提供恢复力会带动刚性板回复原位，如此循环往复，消耗能量，提供阻尼。

4.3.3　功能特点

本实施例中的多维形状记忆合金阻尼器属于被动控制装置范畴，利用阻尼丝在外部荷载作用下变形行为实现减震作用，除了具有被动控制的简单、经济、易于实施等优点外，还有以下特点：

1. SMA 超弹性使得阻尼器具有自复位能力。

2. 可通过增加 SMA 阻尼丝方便调整力学性能，能够提供强大耗能能力。

3. 位移过大时 SMA 刚度增加，能够限制位移进一步扩大。

4. 可通过调节螺栓方便调节 SMA 初始应力，以满足不同性能需求。

5. 抗疲劳和耐腐蚀能力较强。

4.4 多维 SMA 阻尼器试验及数值模拟

4.4.1 试验概况

为研究阻尼器性能，加工制作了多维 SMA 阻尼器模型（图 4.5），并进行了低频循环加载下拉伸和扭转力学试验。阻尼器模型外壳尺寸为 280mm×200mm×150mm，最大允许位移为 10mm。转轴直径 15mm，刚性板宽度为 120mm，阻尼丝采用超弹性 NiTi 丝，直径 0.55mm，单根有效长度 100mm，轴向安装 4 根，抗扭转阻尼丝 8 根。为达到稳定力学性能，安装到阻尼器之前所有 SMA 丝均在 20℃室温中，以 0.01Hz 加载频率，6mm 加载幅值的荷载循环训练 50 个周期。

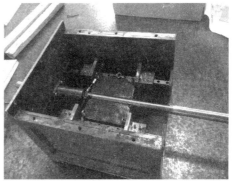

图 4.5 多维 SMA 阻尼器模型照片
Fig. 4. 5 Photograph of multi-dimensional SMA damper

拉伸试验在大连理工大学海岸和近海工程国家重点实验室 MTS 试验机上进行，试验装置如图 4.6 所示。试验过程由计算机控制，力和位移数据由设备自动采集。试验激励采用正弦波，以位移幅值为控制指标。试验过程如下：

1. 初始位移为 0.5mm（应变 5%），加载频率分别为 0.01Hz，0.05Hz，0.1Hz 和 0.5Hz。保持初始位移不变，每个加载频率分别使用加载幅值 2mm、3mm、4mm 和 5mm，重复试验。

2. 加载频率固定为 0.05Hz，初始位移分别取 0mm（应变 0%），1mm（应变 1%）、2mm（应变 2%）、4mm（应变 4%），每个初始位移分别取激励幅值

2mm、3mm、4mm，重复试验。

图 4.6 多维 SMA 阻尼器拉伸试验

Fig. 4. 6 Tension experimental setup of multi-dimensional SMA damper

扭转试验使用 WIZTANK 公司生产的 WEC4-200BN 型扭矩扳手完成，该扳手误差在 0.2％以内。试验设置如图 4.7 所示，试验过程中保证阻尼器外壳没有离开桌面，从而确保测得扭矩为阻尼器准确扭矩。扭转角度幅值分别取 0.04rad、0.06rad、0.08rad、0.10rad，小幅缓慢加载。

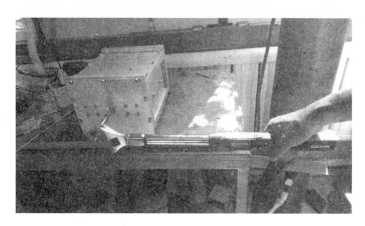

图 4.7 多维 SMA 阻尼器扭转试验照片

Fig. 4. 7 Torsion experimental setup of multi-dimensional SMA damper

4.4.2 考察指标

阻尼器滞回曲线如图 4.8 所示，为了考察不同工况下 SMA 阻尼器的力学性能，定义以下指标：

1. 单次循环消耗能量 W，即取一次加载卸载滞回曲线所围成闭环的面积，

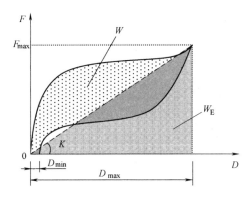

图 4.8　阻尼器滞回曲线示意图

Fig. 4.8　**Hysteresis loop of multi-dimensional SMA damper**

用于考察多维 SMA 阻尼器的耗能能力：

$$W = \int_0^{D_{max}} F - \int_{D_{max}}^{D_{min}} F \qquad (4.47)$$

其中，F 为随位移变化的阻尼器出力值，D_{max} 和 D_{min} 分别表示出力值的最大值和最小值对应的位移。

2. 割线刚度，即取一次滞回中最大和最小出力点，计算线性刚度，如式（4.48）所示：

$$K = \frac{(F_{max} - F_{min})}{(D_{max} - D_{min})} \qquad (4.48)$$

式中，F_{max}、F_{min} 分别表示一次滞回中最大和最小的力。

3. 等效阻尼比[197]，表征阻尼器的阻尼性能，表达式为：

$$\xi = \frac{W}{4\pi W_E} = \frac{W}{2\pi K D^2} \qquad (4.49)$$

其中，W_E 为总应变能，D 为位移幅值。

4.4.3　试验结果及分析

图 4.9 给出了室温 20℃，初始位移 0.5mm 时，不同加载频率和不同加载幅值下阻尼器的滞回曲线。不难看出，相同加载频率、相同初始变形的条件下，阻尼器的耗能能力随加载幅值增加而增大。相同加载幅值时，阻尼器每循环耗散能量随加载频率增加而降低。这是由于循环加载的动能会有一部分转化为 SMA 丝内能，导致 SMA 丝温度升高。加载过程中，SMA 中奥氏体转变为马氏体需要放热，高频加载的升温效应会导致 SMA 变形能力降低，即图 4.3 中加载阶段的水平段会变短，从而使得整个滞回循环变得狭长、面积变小，耗能降低。加载频率越高，则转化内能越多，SMA 丝温度也就越高，其耗能能力越低。

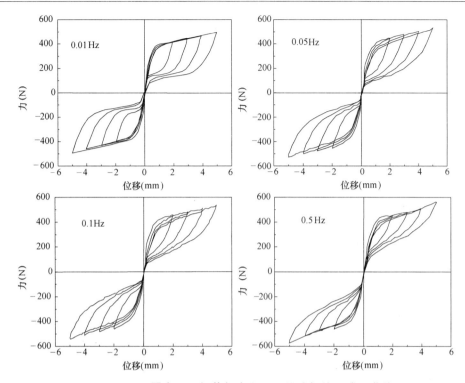

图 4.9 阻尼器在不同加载频率和不同位移幅值下滞回曲线

（初始位移 0.5mm，温度 20℃）

Fig. 4.9 Hysteresis loop of multi-dimensional SMA damper under different loading frequency and displacement amplitude

在 20℃室温下，不同加载频率和不同加载幅值下阻尼器的各项性能指标如表 4.1 所示，从表中同样能够看出阻尼器的每循环耗能 W 随加载频率增加而降低，最多降低 40%；随加载幅值增加而增加，最多增加 315%。割线刚度 K 随频率增加略有增加，最大增幅 14%。这是由于温度升高会抑制奥氏体向马氏体转化，即导致图 4.3 中加载过程转折点后缓和段变短，这种变化有限，所以等效刚度变化较小。等效阻尼比 ξ 随频率增加降低，加载幅值越大 ξ 降低幅度越大，最大降幅 47.7%。频率较小时，等效阻尼比随位移幅值增大而显著增大，如加载频率 0.01Hz 时，5mm 幅值的等效阻尼比是 2mm 时的 1.56 倍；但加载频率较高时，等效阻尼比趋于一致，如加载频率为 0.5Hz 时，5mm 幅值的等效阻尼比仅为 2mm 幅值时的 1.05 倍。

室温 20℃，加载频率 0.05Hz 的条件下，不同初始位移和不同幅值的阻尼器滞回曲线如图 4.10 所示。可以看出，初始位移越大，阻尼器滞回形状越狭长，耗能能力越低。这是由于 SMA 主要靠微观结构相变消耗外部输入的能量，初始位移越大可用来相变的奥氏体越少，耗能能力随之降低。

多维 SMA 阻尼器工作性能参数（初始应变 0.5%）   表 4.1

Mechanical parameters of SMA damper（initial strain 0.5%）   Tab. 4.1

加载频率 f/Hz	$d=2$mm			$d=3$mm			$d=4$mm			$d=5$mm		
	W	K	ξ	W	K	ξ	W	K	ξ	W	K	ξ
0.01	578	217	9.8	1024	152	11.9	1619	119	13.5	2399	100	15.3
0.05	559	230	9.7	1003	161	11.0	1470	126	11.6	1956	106	11.8
0.1	551	235	9.3	943	161	10.4	1337	128	10.4	1752	109	10.2
0.5	443	233	7.6	712	161	7.8	1031	131	7.8	1439	114	8.0

W 单位为 N·mm，K 单位为 N/mm，ξ 单位为%。

在 20℃ 室温下，不同初始位移和不同加载幅值下阻尼器的各项性能指标如表 4.2 所示，阻尼器耗能能力随初始位移增加而降低：加载幅值为 2mm、3mm、4mm 时，初始位移 4% 时每循环耗能占初始位移为 0 时的每循环耗能的比例分别为 70.0%、61.0% 和 69.4%。

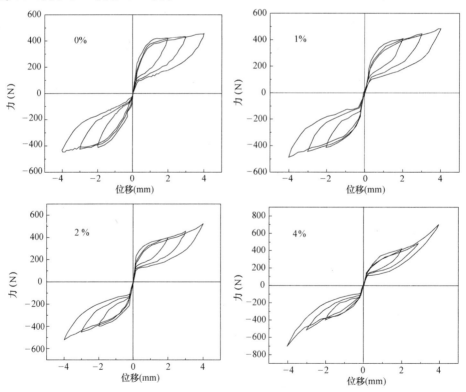

图 4.10 阻尼器在不同初始位移和不同位移幅值下滞回曲线
（加载频率 0.05Hz，温度 20℃）

Fig. 4.10 Hysteresis loop of multi-dimensional SMA damper under different pre-strain and displacement amplitude（load frequency 0.05Hz，temperature 20）

初始位移相同的条件下，加载幅值越大割线刚度越小，但在初始位移为 4％ 时，加载幅值为 3mm 的割线刚度大于加载幅值为 4mm 时的割线刚度。这是由于初始位移的增加导致 SMA 相变空间减小，当加载幅值较大时材料进入硬化阶段，应力迅速升高，导致割线刚度变大。等效阻尼比 ξ 随初始应变增加而降低，这是因为初始应变诱发本应用于耗散能量的奥氏体相变为马氏体，导致耗能能力下降；随着加载幅值增大，ξ 总体上呈增大趋势，但初始应变为 4％ 时，ξ 值在加载幅值 2mm（应变 2％）时最大，这是因为 SMA 阻尼比总在应变为 6％ 时最大。加载幅值相同时，等效阻尼比随初始应变增加而降低。

多维 SMA 阻尼器工作性能参数（加载频率 0.05Hz）　　　表 4.2

Mechanical parameters of multidimensional SMA damper

（loading frequency 0.05Hz）　　　Tab. 4.2

初始应变 $\varepsilon/\%$	$d=2$mm			$d=3$mm			$d=4$mm		
	W	K	ξ	W	K	ξ	W	K	ξ
0	503	212	9.4	872	149	10.4	1294	114	11.3
1	411	205	8.0	806	149	9.6	1218	121	10.0
2	397	199	7.9	706	152	8.2	1081	131	8.2
4	352	211	6.6	532	171	5.5	898	177	5.0

W 单位为 N·mm，K 单位为 N/mm，ξ 为 ％。

图 4.11 给出了室温 20℃，初始位移 0.5mm，加载频率为 0.01Hz 时，加载幅值为 0.04rad、0.06rad、0.08rad 和 0.10rad 时的阻尼器扭转滞回曲线。可以观察到，四种加载幅值下阻尼器滞回特性接近，滞回图形呈饱满旗帜状，耗能能力优秀；卸载后阻尼器无残余变形，具有良好的自复位能力。扭转试验得到的扭矩-角度关系曲线形状与拉伸试验得到的力-位移曲线形状相似，这符合阻尼器"将扭转转化为阻尼丝拉伸"的设计思路。与拉伸试验结果类似一致，阻尼器扭转角度越大阻尼器耗能越多。

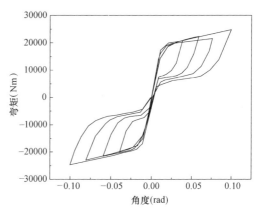

图 4.11　SMA 阻尼器扭转滞回曲线试验结果

Fig. 4.11　Experimental result of torsion hysteresis loop of SMA damper

4.4.4　理论模型

根据 4.2 节给出的改进 Graesser&Cozzarelli 模型，对本书提出的多维 SMA

阻尼器建立理论模型。由材料力学：

$$F = \sigma A \quad x = x_0 \varepsilon \tag{4.50}$$

式中，F 为阻尼器出力，A 为 SMA 丝横截面积，x 为 SMA 丝变形长度，x_0 为 SMA 丝初始长度。将式（4.42）和式（4.43）带入式（4.50）得到 SMA 丝微分形式力-位移关系式：

$$\dot{F} = K_0 \left[\dot{x} - |\dot{x}| \left| \frac{F-B}{B_c} \right|^{n-1} \left(\frac{F-B}{B_c} \right) \right] \tag{4.51}$$

和

$$
\begin{aligned}
B = \alpha K_0 \{ & x_{in} + f_T \, |x|^c erf(ax) \, [u(-x\dot{x})] \\
& + f_M \, [x - x_{Mf} \mathrm{sgn}(x)]^m \, [u(x\dot{x})] \, [u(|x| - x_{Mf})] \}
\end{aligned}
\tag{4.52}
$$

其中，K_0 表示初始刚度，B 为背力，B_c 为 SMA 奥氏体开始向马氏体相变的临界力；α、f_T、n、a、c 为控制滞回曲线形状的材料常数，由试验获得；x_{in} 为非弹性位移，定义为 $x_{in} = x - \dfrac{F}{K_0}$；$f_M$ 和 m 为调整马氏体硬化曲线的系数，x_{Mf} 为马氏体相变完成时对应的位移；$erf(x)$、$u(x)$、$\mathrm{sgn}(x)$ 分别为误差函数、单位阶跃函数和符号函数。表达式依次如下：

$$erf(x) = \frac{2}{\sqrt{\pi}} \int_0^x e^{-t^2} \mathrm{d}t \tag{4.53}$$

$$u(x) = \begin{cases} +1 & x \geqslant 0 \\ 0 & x < 0 \end{cases} \tag{4.54}$$

$$\mathrm{sgn}(x) = \begin{cases} 1 & x > 0 \\ 0 & x = 0 \\ -1 & x < 0 \end{cases} \tag{4.55}$$

当阻尼器扭转时，SMA 阻尼丝工作原理如图 4.12 所示。由于 SMA 丝最大可恢复应变为 8% 左右，考虑到阻尼丝长度 100mm 和刚性板宽度 50mm，阻尼器最大扭转角度 a 在 10 度左右。在这种情况下，可近似将扭转后的刚性板和

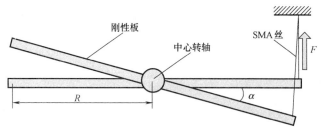

图 4.12　SMA 阻尼器扭转示意图

Fig. 4.12　Diagram of torsion of SMA damper

SMA 丝仍视为垂直。

阻尼器提供的扭矩由下式给出：

$$M=F\times R \tag{4.56}$$

式中，F 为阻尼丝轴力，可由阻尼丝变形 x 求得，记为 $F(x)$，R 为转动半径，即刚性板宽度的一半。

刚性板转动角度为 α 时，SMA 丝伸长量 x 由下式给出：

$$x=\sqrt{(R-R\cos\alpha)^2+(L_0+R\sin\alpha)^2}-L_0 \tag{4.57}$$

式中，L_0 为阻尼丝初始长度。

把式（4.57）带入式（4.56）中，阻尼器扭转角 α 与扭矩 M 关系为：

$$M=F(\sqrt{(R-R\cos\alpha)^2+(L_0+R\sin\alpha)^2}-L_0)\cdot R \tag{4.58}$$

4.4.5 数值模拟

根据上述理论模型，使用 SIMULINK 对阻尼器力学性能进行数值模拟。表 4.3 给出详细模型参数。

阻尼器数值模拟参数（加载频率 0.01Hz） 表 4.3

Parameters for simulation of SMA damper（loading frequeney is 0.01Hz） Tab. 4.3

参数	E	Y	α	f_T	c	a	n	ε_{Mf}	f_M	m
数值	39500MPa	385MPa	0.01	1.14	0.001	550	3	0.05	42500	3

图 4.13 给出初始位移为 0.5mm（0.5% 应变），以 0.01Hz 频率加载时，SMA 阻尼器在不同运动幅值拉伸下的试验和模拟滞回曲线。图中可以直观看出，数值模拟结果和试验结果吻合较好。

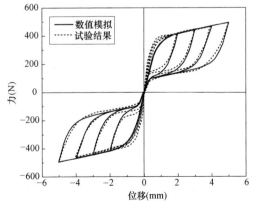

图 4.13 SMA 阻尼器拉伸滞回曲线试验结果与数值模拟结果

Fig. 4.13 Experimental result and simulation result of tensionhysteresis loop of SMA damper

为量化数值模拟的准确性，表 4.4、表 4.5 和表 4.6 分别给出每循环耗散能量、割线刚度和等效阻尼比的试验数据和模拟数据对比，并计算模拟结果误差。从表中可以看出，数值模拟结果的误差均控制较好，其中，每循环耗能最大误差 4.2%，割线刚度最大误差 1.2%，等效阻尼比最大误差 4.4%。量化分析表明，阻尼器理论模型能够有效描述阻尼器力学性能，为在 Benchmark 问题的研究打好基础。

循环耗散能量试验结果与数值模拟对比（拉伸）

Comparison of energy dissipation per cycle between experimental and numerical results（tension）

表 4.4
Tab. 4.4

位移幅值(mm)	试验结果(N·mm)	模拟结果(N·mm)	误差
2	578.3	554.1	4.2%
3	1024.7	997.3	2.6%
4	1619.4	1606.2	0.8%
5	2399.1	2384.6	0.6%

割线刚度试验结果与数值模拟对比

Comparison of secant stiffness between experimental and numerical results

表 4.5
Tab. 4.5

位移幅值(mm)	试验结果(N/mm)	模拟结果(N/mm)	误差
2	217.2	214.6	1.2%
3	152.4	151.3	0.6%
4	119.6	118.6	0.8%
5	100.7	100.1	0.6%

等效阻尼比试验结果与数值模拟对比

Comparison of equivalent damping ratio between experimental and numerical results

表 4.6
Tab. 4.6

位移幅值(mm)	试验结果(%)	模拟结果(%)	误差
2	9.8	9.5	3.1%
3	11.9	11.7	1.7%
4	13.5	12.9	4.4%
5	15.3	15.1	1.3%

图 4.14 给出位移为 0.5mm（0.5%应变），以 0.01Hz 频率加载时，SMA 阻尼器在不同扭转角度下的试验和模拟滞回曲线。表 4.7 给出扭转滞回曲线的试验结果与数值模拟结果对比，可以看出，数值模拟结果和试验结果吻合较好。

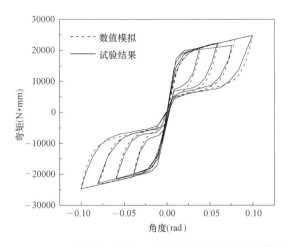

图 4.14　SMA 阻尼器扭转滞回曲线试验结果与数值模拟结果

Fig. 4. 14　Experimental result and simulation result

of torsion hysteresis loop of SMA damper

循环耗散能量试验结果与数值模拟对比（扭转）

Comparison of energy dissipation per cycle between

experimental and numerical results（torsion）

表 4. 7

Tab. 4. 7

扭转角度（rad）	试验结果（N·mm）	模拟结果（N·mm）	误差
0.04	556.3	553.9	0.4%
0.06	994.9	996.7	0.2%
0.08	1593.4	1604.5	0.7%
0.10	2369.1	2382.8	0.5%

4.5　负刚度减震系统的优化设计

4.5.1　受控结构运动方程

负刚度减震系统由轨道式负刚度装置和 SMA 阻尼器并联构成，其本质是改变结构的刚度和阻尼。设置轨道式负刚度减震系统后，结构体系的运动方程可以写成：

$$M\ddot{x}+(C+C_n)\dot{x}+(K+K_n)x=-MI\ddot{x}_g \qquad (4.59)$$

式中，M、C、K 分别为结构本身的质量、阻尼、刚度矩阵；$\ddot{x}$、$\dot{x}$、x 分别为结构的加速度、速度、位移向量；$\ddot{x}_g$ 为地面加速度；C_n 和 K_n 为负刚度控制体系的附加阻尼和刚度矩阵。

4.5.2　目标函数

负刚度装置首要目的是降低基础剪力。加入负刚度后结构的位移响应会增加，所以设置 SMA 阻尼器对基础位移进行针对性控制。此外，结构的层间位移和楼层加速度也是衡量控制效果的重要指标。

以上四个控制指标在有控工况和无控工况下的峰值之比分别记为 F，Db，D 和 A，目标函数由下式给出：

$$J = F_m + Db_m + D_m + A_m \tag{4.60}$$

其中，F_m，Db_m，D_m 和 A_m 分别为 F，Db，D 和 A 在不同地震波下的平均值。

4.5.3　受控结构模型

本书提出的负刚度减震系统由轨道式负刚度装置和 SMA 阻尼器构成：负刚度装置弱化结构，降低剪力反应；阻尼器控制位移，将因结构弱化而增大的位移控制在一个合理范围内。为了取得最优的控制效果，二者参数需要进行优化设计。

本节以 Kellly 等[198] 提出的五层结构为例，对其进行了负刚度减震系统的优化设计。该结构如图 4.15 所示，为集中参

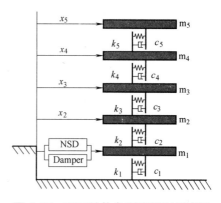

图 4.15　五层结构负刚度控制示意图

Fig. 4.15　Structure with negative stiffness control system

数模型，假设结构始终处于线性阶段。结构其他参数由表 4.8 给出。激励地震波如表 4.9 所示。

框架结构参数　　　　　　　　　　　　　表 4.8

Parameters of the framed structure　　　　　**Tab. 4.8**

楼层	质量(kg)	刚度(kN/m)	阻尼(kNs/m)
1	$m_1 = 5897$	$K_1 = 33732$	$c_1 = 67$
2	$m_2 = 5897$	$K_2 = 29093$	$c_2 = 58$
3	$m_3 = 5897$	$K_3 = 28621$	$c_3 = 57$
4	$m_4 = 5897$	$K_4 = 24954$	$c_4 = 50$
5	$m_5 = 5897$	$K_5 = 19059$	$c_5 = 38$

激励地震波　　　　　　　　　　　　　表 4.9

Properties of selected earthquake records　　　　　**Tab. 4.9**

记录基站	地震波	震级	峰值加速度(g)
North Palm Springs	1986 North Palm Springs	6.0	0.492
TCU084	1999 Chi-Chi	7.6	1.157

续表

记录基站	地震波	震级	峰值加速度(g)
El Centro	1940 Imperial Valley	7.0	0.313
Rinaldi	1994 Northridge	6.7	0.838
Bolu	1999 Duzce,Turkey	7.1	0.728
Nishi-Akashi	1995 Kobe	6.9	0.509

4.5.4　优化过程及结果

首先优化负刚度 K 取值。Pasala 等[84]发现，在阻尼比为 20% 时，负刚度装置控制效果最好。将阻尼比固定为 20%，分别计算负刚度为结构刚度的 0.4、0.45、0.5、0.55、0.6 倍时的目标函数。不同负刚度在六条地震波下的控制效果如图 4.16 所示。可以看出，结构在六条地震波作用下总体趋势如下：随负刚度力增大，基底剪力峰值和层间位移峰值变小，基底位移峰值和楼层加速度峰值增大。

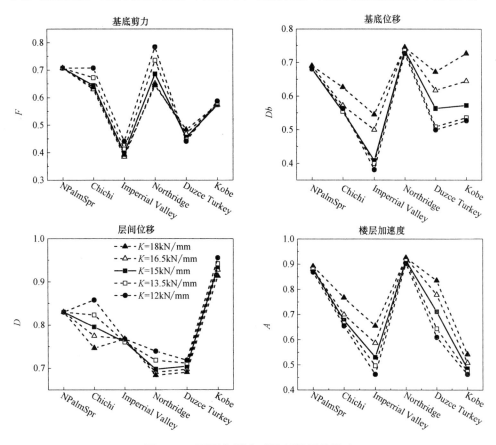

图 4.16　不同负刚度对控制效果的影响

Fig. 4.16　Influence of different negative stiffness on evaluation criteria

在不同地震作用下的控制指标平均值由表 4.10 给出。表中可以看出，当负刚度取 13.5kN/mm 时，目标函数 J 取最小值 2.638，此刚度即为最优刚度。在最优刚度下，分别计算阻尼比为 10%、15%、20%、25%、30%时的目标函数。目标函数最小值对应的阻尼比即为最优阻尼比。

不同负刚度下控制指标　　　　　　　　　　表 4.10

Performance indices for different negative stiffness　　　Tab. 4.10

	$K=18$ kN/mm	$K=16.5$ kN/mm	$K=15$ kN/mm	$K=13.5$ kN/mm	$K=12$ kN/mm
F_m	0.569	0.573	0.578	0.593	0.611
Db_m	0.628	0.667	0.586	0.569	0.563
D_m	0.781	0.772	0.787	0.797	0.811
A_m	0.730	0.769	0.699	0.679	0.660
J	2.708	2.781	2.650	2.638	2.646

图 4.17 给出负刚度为 13.5kN/mm 时，不同阻尼比在六条地震波激励下对

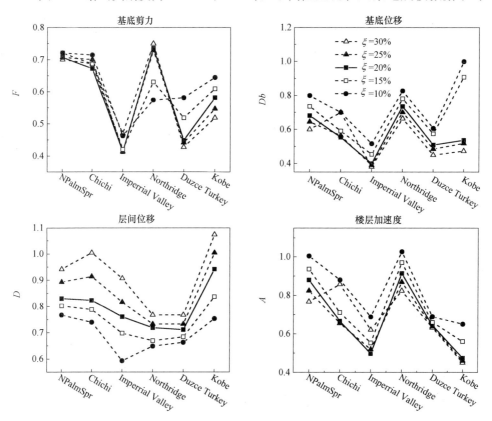

图 4.17　不同阻尼比对控制效果的影响

Fig. 4.17　Influence of different damping ratio on evaluation criteria

控制指标的影响。可以看出，结构在六条地震波作用下总体趋势如下：随阻尼比增大，层间位移峰值增大，基底位移峰值和楼层加速度峰值减小。

各项控制指标在六条地震波下的平均值，及目标函数值如表4.11所示。在阻尼比为20%时，目标函数取最小值2.65。确定了负刚度与阻尼比之后，即可确定负刚度装置和阻尼器的具体参数，如表4.12和表4.13所示。

不同阻尼比下控制指标 表 4.11

Performance indices for different damping ratio Tab. 4.11

	$\xi=30\%$	$\xi=25\%$	$\xi=20\%$	$\xi=15\%$	$\xi=10\%$
F_m	0.569	0.573	0.578	0.593	0.611
Db_m	0.628	0.667	0.586	0.569	0.563
D_m	0.781	0.772	0.787	0.797	0.811
A_m	0.730	0.769	0.699	0.679	0.660
J	2.708	2.781	2.650	2.638	2.646

轨道式负刚度装置参数 表 4.12

Values of NSD parameters Tab. 4.12

参数	数 值
预压弹簧刚度(kN/m)	120
预压缩量 ΔL(m)	1.5
轨道块方程(m)	$\begin{cases} If \quad x<-0.01 \quad y=0.3 \cdot \cos[31 \cdot (x+0.01)] \\ \quad If -0.01 \leqslant x \leqslant 0.01 \quad y=0.3 \\ If \quad 0.01<x \quad y=0.3 \cdot \cos[31 \cdot (x-0.01)] \end{cases}$

SMA 阻尼器参数 表 4.13

Values of SMA damper parameters Tab. 4.13

参数	数值
单根直径(mm)	2
轴向有效长度(mm)	1320
扭转有效长度(mm)	550
刚性板宽度(mm)	550

4.6 本章小结

本章提出了一种新型多维SMA阻尼器，该阻尼器能够提供轴向阻尼和绕轴向扭转的阻尼。详细介绍了该阻尼器的构造和工作原理，介绍了四种主要的SMA本构模型，并选用改进的 Graesser-Cozzarelli 本构为阻尼器建立了理论模型。对阻尼器进行了拉压和扭转试验，研究了初始应变、加载频率和加载幅值对其滞回特性的影响，并使用 Simulink 程序对阻尼器力学性能进行了数值模拟。通过研究，得到如下结论：

（1）在拉压和扭转试验中，多维 SMA 阻尼器都呈现饱满稳定的旗帜形滞回曲线，证明其具有优良的耗能性能和自复位能力。

（2）SMA 丝的初始应变越大，阻尼器的滞回曲线越狭长，耗能能力降低。割线刚度会随着初始应变增大而呈下降趋势。

（3）随加载频率增加，阻尼器的耗能能力逐渐下降，但对自复位能力没有影响。割线刚度随加载频率增加而呈下降趋势。

（4）分别对阻尼器拉伸和扭转的力学性能进行了数值模拟，模拟结果与试验结果吻合较好，各项指标的最大误差为 4.4%，证明了理论模型的准确性和有效性，为后文 Benchmark 问题研究奠定基础。

（5）利用轨道式负刚度装置和 SMA 阻尼器构成负刚度减震系统，针对该系统提出了一种简单有效的优化设计方法，解决了负刚度与阻尼比的优化设计问题。

5 基于 Benchmark 模型的负刚度减震系统控制研究

5.1 引言

从 1977 年美国华裔学者 Yao[8]首次提出结构控制的概念，发展到今天，结构控制的研究已经有 40 年历史。世界各国的研究人员在其中投入了巨大的精力，从开始的提高构件塑性变形耗散地震能量，到在结构中安装被动阻尼器等控制装置，再到后来的主动、半主动控制以及今年来迅速发展的智能控制，结构控制已经发展成一门内容丰富的重要学科。

随着控制方法的不断涌现，如何比较不同控制策略的控制效果成为一个重要问题。理想状态下，每种控制策略都应该在相同的结构、相同的环境和相同的激励下测试其对结构的控制效果。但实际上，即使小规模的模型试验，从经济成本和实际操作的角度讲也是不现实的。Caughey 提出"软件试验平台（software testbeds）"的概念，利用得到广泛认可的高保真的 Benchmark 分析模型来代替真实试验，来测试和评价不同的控制算法和控制装置。1997 年，在波兰召开的美国土木工程师协会（ASCE）第十五届会议上，Spencer 等[199]最先提出了结构控制中的 Benchmark 问题，采用一个三层框架模型作为对象，展示了地震作用下不同控制策略对这个结构模型的控制效果研究。1999 年，Yang 等[200]提出了针对风荷载的 Benchmark 问题，Spencer 等[201]提出了更具代表性的 9 层和 20 层 Benchmark 结构，这一时期的 Benchmark 结构模型均为弹性结构。随着研究的深入，学者们发现即使结构控制手段能够有效降低结构的地震反应，在大震作用下，结构还是会发生塑性变形。2004 年，Ohtori 等[202]提出了地震作用下的非线性 Benchmark 结构，使得 Benchmark 问题更加接近实际工程情况。

近年来隔震成为结构控制的热门方向，原有的 Benchmark 模型不能满足研究需要。Narasimhan 等[203]于 2006 年提出针对智能隔震系统的 Benchmark 问题，以一栋实际存在的 8 层楼房为基础，建立了结构数值模型；Nagarajaiah 等[204]针对线性隔震系统研究了主动控制、半主动控制和被动控制的控制效果，作为比较的参照；Erkus 等[205]进一步研究了七条地震波下双线性隔震系统的最优控制；2008 年，Narasimhan 等[206]把智能隔震 Benchmark 问题发展到非线性阶段，并研究了线性二次高斯控制器对其的控制效果。

除了对楼房 Benchmark 问题进行了大量研究，研究者们还对桥梁 Benchmark 问题做了大量工作。Agrawal[207] 等以南加利福尼亚州 91/5 号公路上一座两跨公路桥为基础，建立了第一阶段高速公路桥的数值模型，其特点为在桥台处设置隔震支撑，而中部横梁处和桥墩一体连接，并无隔震设置。Tan[208] 等针对第一阶段的高速公路桥 Benchmark 模型，研究了非线性粘滞阻尼器（nonlinear viscous dampers）、理想液压作动器（ideal hydraulic actuators）和磁流变阻尼器（magnetorheological fluid dampers）的控制效果，为研究者提供参考比较。Nagarajaiah[209] 等把第一阶段的部分隔震模型发展为完全隔震模型，并给出采用非线性李雅普诺夫控制算法（lyapunov control algorithm）的半主动控制的控制方案。

负刚度装置的使用能够有效降低结构剪力，但同时也会不可避免的增加结构的位移响应；SMA 阻尼器能够有效控制结构位移反应，但会产生附加刚度效应，增大地震作用下结构所受到的剪力。本章把第二章中提出的轨道式负刚度装置和第四章提出的多维形状记忆合金阻尼器结合起来，利用 SMA 阻尼器把因为使用负刚度装置而增加的位移控制在一个合理范围内，使结构不至于因变形过大受到破坏。分别针对第二阶段高速公路桥 Benchmark 模型和智能隔震的八层 Benchmark 楼房设计了负刚度控制方案，并通过 Simulink 分别模拟了 6 条和 7 条地震波下 Benchmark 结构的反应。结果表明，负刚度减震系统能够有效降低结构剪力反应和位移反应。

5.2 高速公路桥 Benchmark 模型的负刚度控制

高速公路桥是重要的生命线工程，优秀的抗震控制措施能够保障其在地震中的安全，近年来，研究人员对桥梁的振动控制做了大量研究和试验。传统的被动控制会增大桥板和桥墩之间连接刚度，有效降低位移反应的同时也会显著增大桥墩的剪力反应和加速度反应。而且，在近场地震中，当地震激励频率与结构基础频率相近时，强烈的共振效应会大大增加结构响应幅值。为了解决以上提到的问题，研究人员研发了许多主动和半主动控制系统来调整桥梁的刚度和阻尼。Spencer 等[210] 研发了一种 MR 液体阻尼器，对外部能量输入需求较低且能够提供较大阻尼力。Sahasrabudhe 和 Nagarajaiah[211] 对使用 MR 阻尼器和变刚度系统的隔震桥梁半主动控制进行了试验和模拟研究。Iemura 和 Pradono[212] 把拟负刚度控制应用在 Benchmark 桥梁控制之中，数值模拟结果显示该控制方案能够同时降低桥梁位移和剪力反应。Tan 等[213] 给出地震激励 Benchmark 高速公路桥的被动、半主动和主动样本控制方案。大量研究证明了半主动控制对控制结构地震反应的有效性，但相比被动控制，对外部能量和反馈信号的需求限制了主动控制和半主动控制的实用性。

为了降低加速度和基础剪力反应，Reinhorn 等[83]提出了弱化结构的概念，通过降低结构强度的确能够有效控制剪力反应，其弊端是会带来结构永久性破坏的问题。Pasala 等[84]研发并测试了一种自适应负刚度装置（adaptive negative stiffness device），该装置通过提供负刚度来达到"虚拟弱化"（apparent weakening），从而减小结构剪力。负刚度装置在某一设定位移开始工作，使得控制器和结构的整体行为提前出现屈服表现，当与阻尼器配合使用时，能够大大降低结构基础剪力和位移反应。Attary 等[214]进一步说明了自适应负刚度系统对隔震桥梁的地震保护作用。

为了比较不同控制系统对桥梁结构的控制效果，Agrawal 等[215]提出了高速公路桥的 Benchmark 问题。该问题分为两个阶段，第一阶段研究两侧桥墩处隔震，中间横梁处不隔震的工况；第二阶段研究完全隔震工况，如图 5.1 所示。本书研究第二阶段的 Benchmark 高速公路桥梁模型。

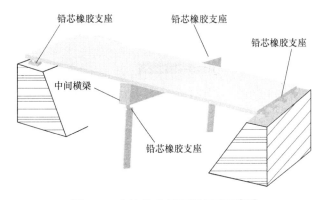

图 5.1　高速公路桥隔震示意图[215]

Fig. 5. 1　Schematic of the highway bridge Benchmark

5.2.1　Benchmark 模型介绍

高速公路桥 Benchmark 模型按照位于南加利福尼亚州橘子郡的 91/5 高速高公路桥建立，如图 5.2 所示。该桥为东西走向的现浇连续预应力箱梁桥。图 5.3 为桥梁立面图和平面图。

在模型中，中间排架柱和隔震支座的力学性能按双线性考虑，每个排架柱下方设置 49 根 6.9m 长的混凝土桩作为基础。模型考虑了桥墩处和桥头处土与结构相互作用，模型的地震动输入为双向同时输入。

该桥为连续两跨预应力箱梁桥，每跨长 58.5m，桥面宽 12.95m。中间横梁长 31.4m，高 3.2m，由两根 7.32m 高的混凝土柱支撑，混凝土柱安放在两组摩擦桩上，每组包含 49 根摩擦桩，桥梁横截面构造和桩基础布置如图 5.4 所示。

图 5.2　91/5 高速公路桥[215]

Fig. 5. 2　91/5 highway over-crossing

桥面质量为 3278404kg，整个桥梁质量为 4237544kg。模型中，采用 8 个铅芯橡胶支座隔震，分布如图 5.1 所示。桥址东北 11.6km 是 Whittier-Ellsinore 断层，西南 20km 是 Newport-Inglewood 断层。

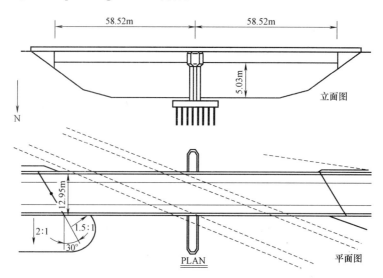

图 5.3　91/5 高速公路桥的立面图和平面图[215]

Fig. 5. 3　Elevation and plan views of 91/5 over-crossing

在 Abaqus 中建立了桥梁的三维有限元模型，该模型有 430 个自由度，上部结构使用 B31 梁单元模拟，桥面在其平面内为刚性。前 6 阶自振频率如表 5.1 所示。

在第二阶段模型中，二十个控制装置（每个方向各 10 个）被安装在 10 个铅

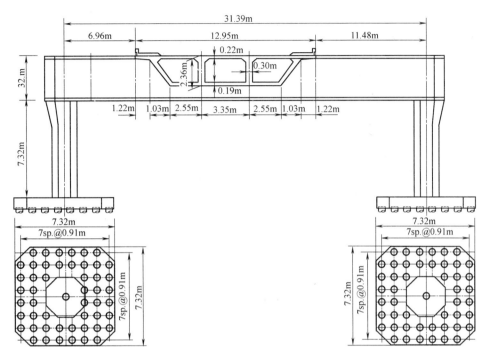

图 5.4　桥梁横截面和中间排架柱处桩基础[215]

Fig. 5. 4　Cross section of the bridge and configuration of pile groups at center bent

芯橡胶支座位置，如图 5.5 所示。

<table>
<tr><td colspan="3" align="center">有限元模型的自振频率[209]</td><td align="right">表 5.1</td></tr>
<tr><td colspan="3" align="center">Natural frequencies of the FEM model</td><td align="right">Tab. 5. 1</td></tr>
</table>

振型阶数	频率（Hz）	振型
1	1.23	扭转
2	1.28	扭转＋垂直
3	1.55	垂直
4	1.69	横向
5	1.77	第二阶垂直
6	3.26	第二阶横向

5.2.2　评价指标

为比较不同控制方案的有效性，研究人员定义了 21 个评价指标。这些指标分为三类：峰值反应、规范化响应、控制器性能。

前 8 个指标用来评价桥梁反应峰值的控制情况：

1. 以无控结构基础剪力归一化的受控结构基础剪力峰值：

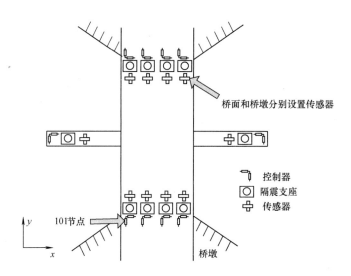

图 5.5 控制装置和传感器布置位置[215]

Fig. 5.5 Locations of control devices and sensors on the bridge

$$J_1 = \max\left\{\frac{\max_{i,t}\left|F_{bi}(t)\right|}{F_{0b}^{\max}}\right\} \tag{5.1}$$

其中，$F_{bi}(t)$ 受控结构在 i 方向剪力（$i=1$，2 分别代表 x，y 方向），$F_{0b}^{\max}$ 为无控结构在 x 和 y 方向的剪力峰值。

2. 以无控结构倾覆力矩归一化的受控结构倾覆力矩峰值：

$$J_2 = \max\left\{\frac{\max_{i,t}\left|M_{bi}(t)\right|}{M_{0b}^{\max}}\right\} \tag{5.2}$$

其中，$M_{bi}(t)$ 为受控结构 i 方向倾覆力矩，$M_{0b}^{\max}$ 为无控结构在 x 和 y 方向的倾覆力矩峰值。

3. 以无控结构跨中位移归一化的受控结构跨中位移峰值：

$$J_3 = \max\left\{\frac{\max_{i,t}\left|y_{mi}(t)\right|}{y_{0m}^{\max}}\right\} \tag{5.3}$$

其中，$y_{mi}(t)$ 为受控结构 i 方向跨中位移，$y_{0m}^{\max}$ 为无控结构在 x 和 y 方向的跨中位移最大值。

4. 以无控结构跨中加速度归一化的受控结构跨中加速度峰值：

$$J_4 = \max\left\{\frac{\max_{it}\left|\ddot{y}_{mi}(t)\right|}{\ddot{y}_{0m}^{\max}}\right\} \tag{5.4}$$

其中，$\ddot{y}_{mi}(t)$ 为受控结构 i 方向跨中加速度，$\ddot{y}_{0m}^{\max}$ 为无控结构在 x 和 y 方向的跨中加速度最大值。

5. 以无控结构支座位移归一化的受控结构支座位移峰值：

$$J_5 = \max\left\{\frac{\max_{i,t}|y_{bi}(t)|}{y_{0b}^{\max}}\right\} \tag{5.5}$$

其中，$y_{bi}(t)$ 为受控结构 i 方向支座位移，$y_{0b}^{\max}$ 为无控结构在 x 和 y 方向的支座位移最大值。

6. 以无控结构排架柱曲率归一化的受控结构排架柱曲率峰值：

$$J_6 = \max\left\{\frac{\max_{j,t}|\Phi_j(t)|}{\Phi^{\max}}\right\} \tag{5.6}$$

其中，$\Phi_j(t)$ 为排架柱非线性区域第 j 个单元的曲率，$\Phi^{\max}$ 为无控结构排架柱最大曲率。

7. 以无控结构排架柱弯曲耗散能量归一化的受控结构排架柱弯曲耗散能量峰值：

$$J_7 = \max\left\{\frac{\max_{j,t}\int dE_j}{E^{\max}}\right\} \tag{5.7}$$

其中，dE_j 为受控结构排架柱非线性区域第 j 个单元耗散能量，$E^{\max}$ 为无控结构最大耗散能量。

8. 以无控结构塑性铰个数归一化的受控结构塑性铰个数：

$$J_8 = \max\left\{\frac{N_d^c}{N_d}\right\} \tag{5.8}$$

其中，N_d^c 和 N_d 分别为受控结构和无控结构塑性铰个数。

第二部分为 6 个指标基于整个地震过程中的规范化响应。规范化响应记为 $\|\cdot\|$，定义为

$$\|\cdot\| = \sqrt{\frac{1}{t_f}\int_0^{t_f}(\cdot)^2 dt} \tag{5.9}$$

其中，t_f 为地震持续时间。第二部分中使用的反应值与 $J_1 - J_6$ 中使用的反应值相同。

9. 以无控结构规范化基础剪力归一化的受控结构规范化基础剪力：

$$J_9 = \max\left\{\frac{\max_{i,t}\|F_{bi}(t)\|}{\|F_{0b}^{\max}\|}\right\} \tag{5.10}$$

10. 以无控结构规范化倾覆力矩归一化的受控结构规范化倾覆力矩：

$$J_{10} = \max\left\{\frac{\max_{i,t}\|M_{bi}(t)\|}{\|M_{0b}^{\max}\|}\right\} \tag{5.11}$$

11. 以无控结构规范化跨中位移归一化的受控结构规范化跨中位移：

$$J_{11} = \max\left\{\max_i \frac{\|y_{mi}(t)\|}{\|y_{0m}^{\max}\|}\right\} \tag{5.12}$$

12. 以无控结构规范化跨中加速度归一化的受控结构规范化跨中加速度：

$$J_{12} = \max\left\{\max_i \left\| \frac{\ddot{y}_{mi}(t)}{\ddot{y}_{0m}^{\max}} \right\| \right\} \tag{5.13}$$

13. 以无控结构规范化支座加速度归一化的受控结构规范化支座加速度：

$$J_{13} = \max\left\{\max_i \left\| \frac{y_{bi}(t)}{y_{0b}^{\max}} \right\| \right\} \tag{5.14}$$

14. 以无控结构规范化排架柱曲率归一化的受控结构规范化排架柱曲率：

$$J_{14} = \max\left\{ \frac{\max_{j,t} \| \Phi(t) \|}{\| \Phi^{\max} \|} \right\} \tag{5.15}$$

最后七个指标衡量控制器性能：

15. 以桥梁整体重力（包括基础）归一化的控制器输出力峰值：

$$J_{15} = \max\left\{\max_{l,t} \left(\frac{f_l(t)}{W} \right) \right\} \tag{5.16}$$

其中，$f_l(t)$ 为第 l 个控制器出力，W 为桥梁重力。

16. 以无控结构支座最大变形归一化的控制器变形峰值：

$$J_{16} = \max\left\{\max_{l,t} \left(\frac{d_l(t)}{y_{0b}^{\max}} \right) \right\} \tag{5.17}$$

其中，$d_l(t)$ 时第 l 个控制器的变形。

17. 以无控结构支座最大速度和重力之积归一化的单个控制器瞬时能量需求：

$$J_{17} = \max\left\{ \frac{\max_t \left[\sum_l P_l(t) \right]}{\dot{y}_{0b}^{\max} W} \right\} \tag{5.18}$$

其中，$P_l(t)$ 为第 l 个控制器需要的能量，$\dot{y}_{0b}^{\max}$ 为无控结构支座最大速度。

18. 以无控结构支座最大变形和重力之积归一化的控制所需总能量峰值：

$$J_{18} = \max\left\{ \frac{\sum_l \int_0^{t_f} P_l(t)\,\mathrm{d}t}{y_{0b}^{\max} W} \right\} \tag{5.19}$$

19. 控制器个数：

$$J_{19} = \#Devices \tag{5.20}$$

20. 传感器个数：

$$J_{20} = \#Sensors \tag{5.21}$$

21. 控制算法所需结构离散状态向量维度：

$$J_{21} = \dim(x_k^c) \tag{5.22}$$

对于本书使用的被动控制，J_{17} 和 J_{18} 为零，J_{20} 和 J_{21} 不需要考虑。

5.2.3 地震输入

高速公路桥 Benchmark 问题选取了六条地震波作为激励输入，分别为：

North Palm Spring（1986）、TCU084 component of Chi-Chi earthquake，Taiwan（1999）、El Centro component of 1940 Imperial Valley earthquake、Rinaldi component of Northridge（1994）earthquake、Bolu component of Duzce，Turkey（1999）和 Nishi-Akashi component of Kobe（1995）earthquakes，六条地震波均包含南北（NS）分量和东西（EW）分量。图 5.6 给出地震波时程曲线，所有地震波均采用未经调幅的原始强度。

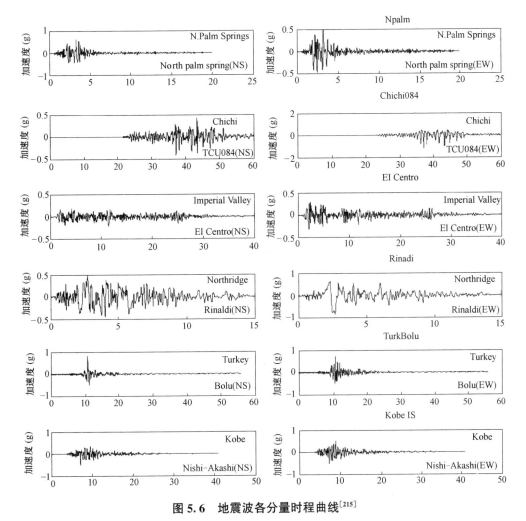

图 5.6 地震波各分量时程曲线[215]

Fig. 5. 6 Two components of time histories of earthquake records

在以上给出的六条地震波作用下，无控结构的各项响应如表 5.2 所示。表 5.3 给出地震波详细参数，其中场地类型按美国国家地震灾害防御计划（National Earthquake Hazards Reduction Program，NEHRP）规范划分。

无控反应值

表 5.2

Uncontrolled response quantities

Tab. 5.2

	NPalmspr	ChiChi	El Centro	Rinaldi	Turk-Bolu	Kobe-NIS
F_{0b}^{max}(N)	6.934e5	1.049e6	9.950e5	1.226e6	1.108e6	7.833e5
M_{0b}^{max}(Nm)	3.268e6	6.884e6	7.330e6	8.033e6	8.001e6	5.068e6
y_{0m}^{max}(m)	0.097	0.537	0.251	0.543	0.324	0.276
$\ddot{y}_{0m}^{max}$(m/s²)	1.007	1.614	1.127	2.055	1.852	0.973
y_{0b}^{max}(m)	0.103	0.544	0.249	0.550	0.328	0.286
Φ^{max}	1.563e-4	3.292e-4	3.505e-4	3.842e-4	3.826e-4	2.424e-4
E^{max}	0	0	0	0	0	0
N_d	0	0	0	0	0	0
$\|F_{0b}^{max}\|$(N)	1.954e5	3.351e5	3.029e5	4.273e5	5.866e5	3.341e5
$\|M_{0b}^{max}\|$(Nm)	1.365e6	2.454e6	2.211e6	3.119e6	4.286e6	2.435e6
$\|y_{0m}^{max}\|$(m)	0.050	0.144	0.118	0.150	0.246	0.133
$\|\ddot{y}_{0m}^{max}\|$(m/s²)	0.192	0.286	0.305	0.584	0.327	0.301
$\|y_{0b}^{max}\|$(m)	0.054	0.147	0.120	0.149	0.252	0.141
$\|\Phi^{max}\|$	6.526e-5	1.1734e-4	1.058e-4	1.491e-4	2.050e-4	1.1643e-4
x^{max}(m)	0.103	0.544	0.249	0.550	0.328	0.286
$\dot{x}^{max}$(m/s)	0.466	1.382	0.406	1.558	1.029	0.561

地震波参数[215]

表 5.3

Properties of selected earthquake records

Tab. 5.3

记录站	地震波	震级	震源距离	峰值加速度(g)	峰值速度(cm/s)	场地类型
North Palm Springs	1986 North Palm Springs	6.0	7.3	0.492(0.612)	73.3(33.8)	A
TCU084	1999 Chi-Chi	7.6	10.39	1.157(0.417)	114.7(45.6)	B
El Centro	1940 Imperial Valley	7.0	8.3	0.313(0.215)	29.8(30.2)	C
Rinaldi	1994Northridge	6.7	7.1	0.838(0.472)	166.1(73.0)	C
Bolu	1999Duzce, Turkey	7.1	17.6	0.728(0.822)	56.4(62.1)	C
Nishi-Akashi	1995 Kobe	6.9	11.1	0.509(0.503)	37.3(36.6)	D

注：峰值加速度和峰值速度值为东西向分量，括号中为南北向分量。

5.3 负刚度减震系统参数设计

根据 2.4 节负刚度装置设计方法，结合表 5.2 提供个无控结构反应，设计了针对高速公路桥 Benchmark 模型的轨道式负刚度装置。负刚度装置的弹簧和轨道块水平放置，不起支撑结构的作用。设计的负刚度装置参数如表 5.4 所示。

应用于 Benchmark 桥模型的负刚度装置参数　　表 5.4

Values of NSD parameters obtained for application to the bridge Benchmark model

Tab. 5.4

参　数	数　值
预压弹簧刚度(kN/m)	60
预压缩量 ΔL(m)	1.5
轨道块方程(m)	$\begin{cases} If & x < -0.05 \quad y = 0.5 \cdot \cos[1.5 \cdot (x+0.05)] \\ If & -0.05 \leqslant x \leqslant 0.05 \quad y = 0.5 \\ If & 0.05 < x \quad y = 05 \cdot \cos[1.5 \cdot (x-0.05)] \end{cases}$

相应阻尼器参数如表 5.5 所示。按照第三章验证过的理论模型编制了 Matlab/Simulink 模拟程序，如图 5.7 所示。

应用于 Benchmark 桥模型的 SMA 阻尼器参数　　表 5.5

Values of SMA damper parameters for application to the bridge Benchmark model

Tab. 5.5

参　数	数　值
单根直径(mm)	2
轴向有效长度(mm)	400
扭转有效长度(mm)	220
刚性板宽度(mm)	420

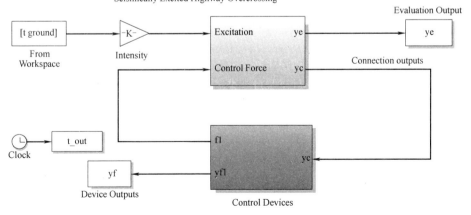

图 5.7　第二阶段高速公路桥 Simulink 程序

Fig. 5.7　Simulink block for phase Ⅱ highway bridge

由于轨道式负刚度装置只能单向运动，为实现多维控制，需按图 5.8 所示的

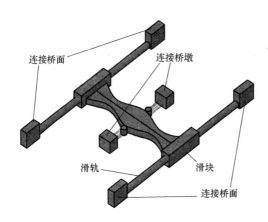

方式进行布置：滑块与轨道块牢固连接，共同运动，滑块能够沿滑轨自由滑动。弹簧一端连接滚轮，另一端固定在下部结构（本例为桥墩）上；滑轨两端与上部结构（本例为桥面）牢固连接。当上层结构相对基础沿滑轨轴向移动时，滑块沿滑轨滑动，不影响轨道式负刚度装置；当上层结构相对基础沿垂直滑轨方向运动时，滑轨带动滑块和轨道块沿同向运动，负刚度装置进入工作状态。

图 5.8　负刚度装置的双向布置示意图

Fig. 5.8　NSD settings scheme for 2-DOF

5.4　控制效果

图 5.9 给出了负刚度系统控制和半主动控制在 El Centro 地震波作用下的跨

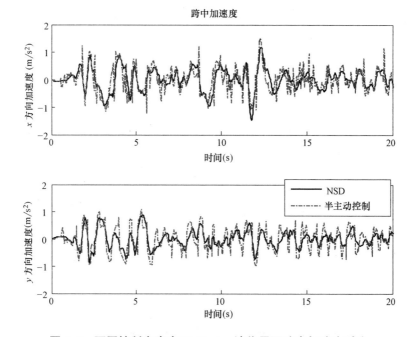

图 5.9　不同控制方案在 El Centro 波作用下跨中加速度对比

Fig. 5.9　Acceleration of mid-span with different control strategy under El Centro

中加速度时程曲线。跨中在半主动控制和负刚度系统控制两种工况下 x 方向（东西向为 x 方向，南北向为 y 方向）的加速度峰值分别为 1.525m/s^2 和 1.456m/s^2，负刚度控制的反应分别比半主动控制降低了 4.5%；y 方向的加速度峰值分别为 1.088m/s^2 和 0.884m/s^2，负刚度控制的结果比其半主动控制结果降低了 18.8%。

图 5.10 给出了负刚度系统控制和半主动控制在 El Centro 地震波作用下的位移时程曲线。跨中位置在两种控制方案下 x 向位移峰值分别为 91.4mm 和 90.5mm，负刚度减震系统略优于半主动控制；跨中在两种控制方案下 y 方向位移峰值分别为 79.6mm 和 108.7mm，负刚度减震系统比半主动控制位移略大。

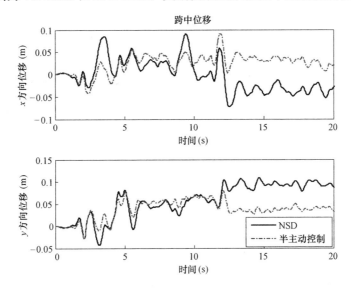

图 5.10　不同控制方案在 El Centro 波作用下跨中位移
Fig. 5.10　Displacement of mid-span with different
control strategy under El Centro

图 5.11 给出了两种控制方案在 El Centro 地震波作用下的基础剪力时程曲线。可以看出，负刚度系统控制对基础剪力有明显控制作用。El Centro 地震波作用下，半主动控制和负刚度系统控制下的 x 方向基础剪力峰值分别为 736.2kN 和 665.5kN，负刚度控制下基础剪力比半主动控制降低 9.6%；y 方向基础剪力峰值分别为 659.5kN 和 582.0kN，负刚度系统的控制结果比半主动控制降低 11.8%。

由于隔震支座较多，其位移时程以位移最大的 101 节点（图 5.5）处支座为代表，图 5.12 给出 El Centro 波作用下，两种控制方案在 101 节点处的位移时程曲线。

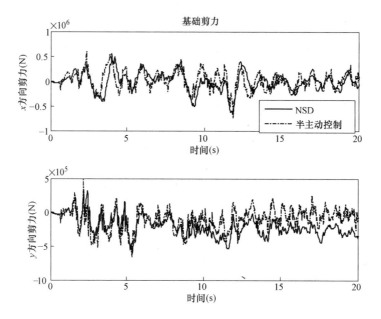

图 5.11　不同控制方案在 El Centro 波作用下的基础剪力

Fig. 5.11　Base shear of different control strategy under El Centro

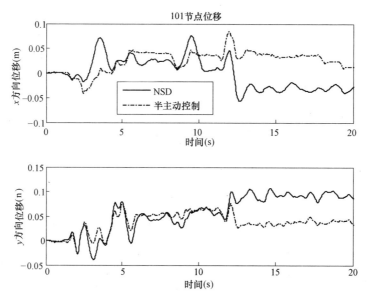

图 5.12　不同控制方案在 El Centro 波作用下 101 节点位移

Fig. 5.12　Displacement of node 101 with different

control strategy under El Centro

在负刚度减震系统和半主动控制下的 101 节点处位移时程曲线分别与两种控制方案下跨中位移的时程曲线相近。两种控制方案下，x 方向位移峰值分别为 85.3mm 和 75.7mm，负刚度减震系统的控制结果较半主动控制结果降低 11.3%；两种控制方案下，y 方向位移峰值位移分别为 76.4mm 和 106mm，半主动控制结果比负刚度减震系统结果降低 27.9%。

综上可以看出，负刚度减震系统对高速公路桥 Benchmark 模型的跨中加速度和基础剪力的控制效果都要明显优于半主动控制，在位移控制上负刚度控制略逊于半主动控制。从上述控制结果可以看出，在 y 方向上两种控制方案的各个控制结果普遍相差较大，这是因为 El Centro 地震波的东西方向激励幅值较大。

图 5.13 给出 101 号节点（图 5.5）处，隔震支座、负刚度减震系统及二者整体的滞回曲线。可以看出，NSD 有效降低了原结构刚度，使得原结构提前出现了屈服行为，即虚拟屈服（apparent yield），其屈服点位置由 NSD 轨道的平面曲面连接点位置决定。控制体系整体的刚度下降使得传导到上层结构的力减小，因此增加的位移由 SMA 阻尼器限制。

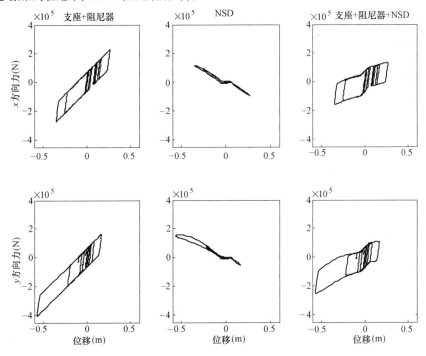

图 5.13 支座和 NSD 在 101 节点处 x、y 方向滞回曲线

Fig. 5.13 NSD and bearing hysteretic loops at node No. 101

(in directions x and y) under Rinaldi Earthquake

不同控制方案的控制指标　　　表 5.6

Performance indices for different control strategies　　Tab. 5.6

评价指标	控制方式	Npalmspr	Chichi	El Centro	Rinadi	Turk Bolu	Kobe_NIS
	负刚度控制	1.01	0.92	0.57	0.98	0.65	0.82
J1	半主动控制	0.92	0.92	0.76	0.90	0.83	0.89
	被动控制	1.06	0.91	0.62	1.07	0.78	0.91
	负刚度控制	1.08	0.72	0.55	0.93	0.58	0.83
J2	半主动控制	1.03	0.89	0.71	0.86	0.87	0.85
	被动控制	1.10	0.95	0.61	1.04	0.70	0.90
	负刚度控制	0.75	0.61	0.45	0.81	0.62	0.63
J3	半主动控制	0.56	0.74	0.36	0.69	0.36	0.26
	被动控制	0.87	0.76	0.50	0.90	0.59	0.83
	负刚度控制	1.19	1.24	1.09	1.00	1.01	1.34
J4	半主动控制	1.57	1.13	1.35	1.34	1.15	1.91
	被动控制	1.17	1.13	1.09	1.05	0.92	1.16
	负刚度控制	0.78	0.60	0.37	0.81	0.63	0.43
J5	半主动控制	0.56	0.74	0.45	0.70	0.38	0.27
	被动控制	0.88	0.76	0.49	0.90	0.56	0.83
	负刚度控制	1.08	0.72	0.55	0.93	0.58	0.83
J6	半主动控制	1.03	0.89	0.71	0.86	0.87	0.85
	被动控制	1.10	0.95	0.61	1.04	0.70	0.90
	负刚度控制	1.11	0.58	0.64	0.74	0.41	0.90
J9	半主动控制	0.67	1.01	0.54	0.74	0.43	0.53
	被动控制	1.19	0.98	0.66	0.84	0.58	0.97
	负刚度控制	1.13	0.56	0.63	0.71	0.41	0.89
J10	半主动控制	0.66	1.00	0.51	0.70	0.42	0.52
	被动控制	1.21	0.98	0.60	0.82	0.58	0.96
	负刚度控制	0.96	0.71	0.73	0.56	0.41	0.36
J11	半主动控制	0.43	0.90	0.32	0.46	0.32	0.28
	被动控制	1.02	0.98	0.59	0.76	0.52	0.96
	负刚度控制	0.95	1.45	0.94	1.03	0.90	1.04
J12	半主动控制	1.59	1.58	1.23	1.24	1.13	1.19
	被动控制	0.91	1.19	0.95	0.98	0.87	0.99

评价指标	控制方式	Npalmspr	Chichi	El Centro	Rinadi	Turk Bolu	Kobe_NIS
	负刚度控制	0.98	0.73	0.76	0.56	0.40	0.41
J13	半主动控制	0.42	0.91	0.33	0.46	0.34	0.28
	被动控制	1.03	0.98	0.62	0.76	0.52	0.96
	负刚度控制	1.13	0.56	0.63	0.71	0.41	0.59
J14	半主动控制	0.66	1.00	0.51	0.70	0.42	0.52
	被动控制	1.21	0.98	0.60	0.82	0.58	0.96
	负刚度控制	0.78	0.60	0.57	0.81	0.63	0.43
J16	半主动控制	0.56	0.74	0.35	0.70	0.38	0.27
	被动控制	0.88	0.76	0.49	0.90	0.56	0.83

表 5.6 给出六条地震波作用下，负刚度系统对高速公路 Benchmark 桥控制的评价指标。作为对比，同时给出了半主动控制和被动控制的评价指标。从表中可以看出，相比半主动控制，负刚度减震系统的规范化的基底剪力和规范化的跨中位移普遍有所降低。这说明负刚度减震系统在整个振动过程当中的控制效果普遍优于半主动控制。在 ChiChi 波作用下，相比半主动控制，J9 和 J11 分别降低了 42% 和 28%。虽然负刚度系统对跨中峰值位移的控制效果普遍低于半主动控制方案，但仍优于被动控制，且均显著降低了结构位移响应峰值。三种控制方案对支座位移峰值的控制效果与对跨中位移的控制效果趋势相近。六条地震波激励下，负刚度减震系统对规范化的跨中加速度的控制效果普遍优于半主动控制。这表明负刚度系统在整个地震过程中对跨中加速度的平均控制效果更好，结合位移控制效果可以看出，相较半主动控制，负刚度减震系统以较小的位移反应增量为代价，换取了跨中加速度和基础剪力的控制效果提升。更为重要的，以被动的形式达到了半主动控制的控制效果，甚至有所提升。

图 5.14 给出了负刚度系统、半主动控制和被动控制在六条地震波下的主要评价指标对比。可以看出，在不同地震波作用下，负刚度系统的基底剪力普遍低于其他两种控制方案，最多能够分别比半主动控制和被动控制降低 20%。基底剪力的降低主要由于负刚度装置"弱化"了结构，如图 5.13 所示，更低的刚度使得传递到上部的剪力更小。弱化结构导致的位移变大由 SMA 阻尼器加以限制，负刚度系统对跨中位移峰值的控制效果介于半主动控制和被动控制之间，在可接受范围之内。对于跨中加速度的控制，负刚度系统与被动控制效果相近，远好于半主动控制。

综上所述，负刚度系统在基础剪力、跨中加速度控制上都要好于半主动控制，而跨中位移的控制与半主动控制相近。可以说，负刚度系统以被动控制手段

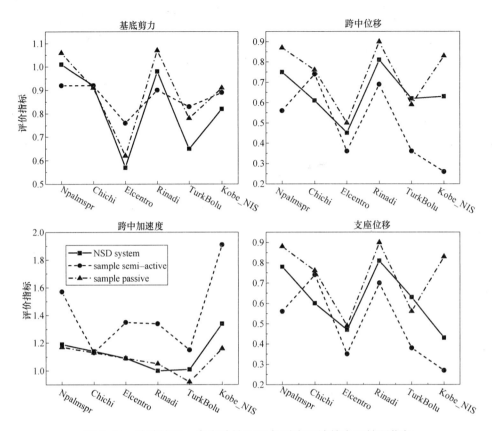

图 5.14　被动控制、半主动控制和负刚度系统的主要控制指标

Fig. 5.14　Graph of evaluation criteria for the sample passive control, sample
semi-active control and proposed NSD and damper system

达到了半主动控制的效果。

5.5　八层智能隔震 Benchmark 楼房模型的负刚度控制

5.5.1　Benchmark 楼房模型

在 ASCE 结构控制委员会的协助下，Narasimhan 等[203] 提出的智能隔震
Benchmark 模型能够描述三种不同基础隔震系统：线弹性隔震系统、摩擦隔震
系统和双线性或非线性隔震系统。该 Benchmark 模型假设上部结构始终处于弹
性阶段，且不可设置控制装置，控制装置只能被安装在隔震层。

智能隔震 Benchmark 模型为一栋八层框架楼房，基础平面长 82.4m，宽
54.3m，基于美国加利福尼亚州一栋真实建筑建模。该结构模型平面为 L 形，如

图 5.15 所示。混凝土楼板放置在钢圈梁上，上部结构由混凝土隔震层支撑，在隔震层柱底位置设置托板，在托板与基础之间设置隔震支座。上部结构被设置为三维线弹性系统，假设楼板和基础在其各自平面内均为刚性。

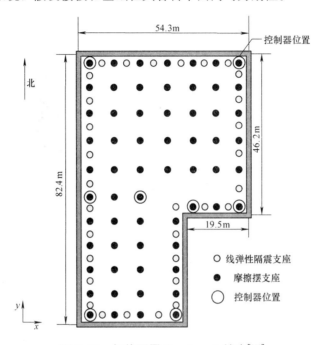

图 5.15 智能隔震 Benchmark 楼房[203]

Fig. 5.15 Smart base isolated Benchmark building

在模型中，上层结构和基础均以每层质量中心描述该层运动，每个质心具有三个主自由度（master degrees of freedom，DOF）：楼层平面内的两个平动自由度和一个转动自由度。结构和隔震层一共有 27 个自由度，其中模型上部结构 24 个振型与实际建筑的固定基础工况下振型相符。上部结构的阻尼比设置为 5%。

上部结构自振周期[203]			表 5.7
Periods of the superstructure			Tab. 5.7
	南北向	东西向	扭转
1	0.78	0.89	0.66
2	0.27	0.28	0.21
3	0.15	0.15	0.12
4	0.11	0.11	0.08
5	0.08	0.08	0.07
6	0.07	0.07	0.06
7	0.06	0.06	0.06
8	0.05	0.06	0.05

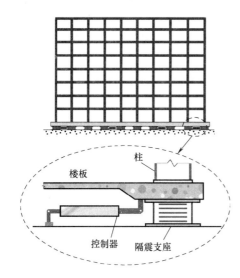

图 5.16　结构立面视图及隔震装置[203]

Fig. 5.16　Elevation view with device

表 5.7 给出固定基础工况下上部结构的 24 个自振周期。隔震系统由 61 个摩擦摆支座和 31 个线弹性支座组成，布置位置如图 5.15 所示。研究人员可以用其他类型的隔震支座替换这 92 个支座。结构总重 202000kN。

柱底楼板加厚作为托板，托板放置在隔震支座上。控制器一端连接托板一端连接基础，伴随隔震支座设置。图5.16 为 Benchmark 楼房的立面结构和隔震系统设置细节示意图。

5.5.2　隔震系统模型

开发者提供了多种隔震单元模型，这些隔震单元包括：弹性单元、粘滞单元、双线性滞回单元和滑动支座滞回单元。这些单元通过组合可以模拟多种隔震系统，例如：弹性单元和粘滞单元可以模拟弹性支座和流体阻尼器，二者组合可以模拟铅芯橡胶支座。图 5.17 给出摩擦摆支座、铅橡胶支座和线弹性隔震支座的力-位移滞回特性。

双线性支座和摩擦支座的双轴滞回特性由 Bouc-Wen 模型给出：

$$U^y \begin{Bmatrix} \dot{z}_x \\ \dot{z}_y \end{Bmatrix} = \alpha \begin{Bmatrix} \dot{U}_x \\ \dot{U}_y \end{Bmatrix} - Z_w \begin{Bmatrix} \dot{U}_x \\ \dot{U}_y \end{Bmatrix} \tag{5.23}$$

$$Z_w = \begin{bmatrix} z_x^2(\gamma \mathrm{sgn}(\dot{U}_x z_x) + \beta) & z_x z_y(\gamma \mathrm{sgn}(\dot{U}_y z_y) + \beta) \\ z_x z_y(\gamma \mathrm{sgn}(\dot{U}_x z_x) + \beta) & z_y^2(\gamma \mathrm{sgn}(\dot{U}_y z_y) + \beta) \end{bmatrix} \tag{5.24}$$

其中，z_x 和 z_y 为无量纲的滞回变量，其取值范围为 $[-1, 1]$，α、β 和 γ 为调整滞回曲线形状的系数，$\dot{U}_x$、$\dot{U}_y$ 分别为隔震支座在 x 方向和 y 方向的速度。U^y 为支座屈服位移。当屈服发生时，$z_x = \cos\theta$，$z_y = \sin\theta$，其中 θ 定义为 $\tan\theta = \dot{U}_x / \dot{U}_y$。当式（5.24）中矩阵的非对角元为 0 时，模型变为相互垂直的两个独立单轴模型。

弹性隔震支座的出力 f 可由应变硬化的弹塑性模型表征：

$$f_x = k_p U_x + c_v \dot{U}_x + (k_e - k_p) U^y z_x \tag{5.25}$$

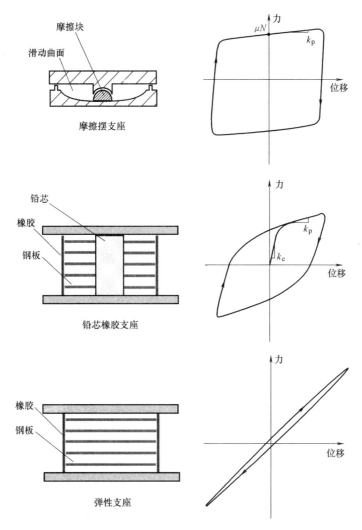

图 5.17 不同隔震支座力-位移曲线[216]

Fig. 5.17 Force-Displacement Characteristics of Bearings

$$f_y = k_p U_y + c_v \dot{U}_y + (k_e - k_p) U^y z_y \qquad (5.26)$$

其中，k_e 为屈服前刚度，k_p 为屈服后刚度，c_v 弹性隔震支座的阻尼系数，U^y 为屈服位移。

式（5.25）和式（5.26）也可以用来表征摩擦支座的滞回特性，令 $c_v = 0$，$(k_e - k_p)U^y = \mu N$，则有：

$$f_x = k_p U_x + \mu N z_x \qquad (5.27)$$

$$f_y = k_p U_y + \mu N z_y \qquad (5.28)$$

其中，μ 为摩擦系数，N 为支座平均压力。$k_p U_x$ 和 $k_p U_y$ 代表支座恢复力。类似地，如非线性流体阻尼器等装置的滞回特性也可以用式（5.23）描述。

研究者可以自行替换该 Benchmark 问题中的隔震支座，从控制设计角度考虑有三种隔震系统：低阻尼线弹性隔震系统、非线性摩擦隔震系统（如摩擦摆隔震支座）和双线性隔震系统（如铅芯橡胶隔震支座）。Erkus B[205] 对不同隔震系统和相应控制设计做了详细研究。

5.5.3 评价指标

为量化比较不同控制策略和控制装置的优劣，该 Benchmark 问题定义了 9 个评价指标。这些指标基于结构的最大地震反应或者反应均方根。选取了 7 条地震波作为输入，每条地震波包含相互垂直的两个输入分量。

1. 以无控结构基础剪力归一化的受控结构基础剪力峰值：

$$J_1(q) = \frac{\| \max_t V_0(t,q) \|}{\| \max_t \hat{V}_0(t,q) \|} \tag{5.29}$$

2. 以无控结构剪力归一化的受控结构剪力峰值：

$$J_2(q) = \frac{\| \max_t V_1(t,q) \|}{\| \max_t \hat{V}_1(t,q) \|} \tag{5.30}$$

3. 以无控结构基础位移归一化的受控结构基础位移峰值：

$$J_3(q) = \frac{\| \max_{t,i} d_i(t,q) \|}{\| \max_{t,i} \hat{d}_i(t,q) \|} \tag{5.31}$$

4. 以无控结构层间位移归一化的受控结构层间位移峰值：

$$J_4(q) = \frac{\| \max_{t,f} d_f(t,q) \|}{\| \max_{t,f} \hat{d}_f(t,q) \|} \tag{5.32}$$

5. 以无控结构楼板绝对加速度归一化的受控结构楼板绝对加速度峰值：

$$J_5(q) = \frac{\| \max_{t,f} a_f(t,q) \|}{\| \max_{t,f} \hat{a}_f(t,q) \|} \tag{5.33}$$

6. 以受控结构基础剪力峰值归一化的控制器合力：

$$J_6(q) = \frac{\| \max_t \sum_k F_k(t,q) \|}{\| \max_t V_0(t,q) \|} \tag{5.34}$$

7. 以无控结构 RMS 基础位移归一化的受控结构 RMS 基础位移：

$$J_7(q) = \frac{\| \max_i \sigma_d(t,q) \|}{\| \max_i \hat{\sigma}_d(t,q) \|} \tag{5.35}$$

8. 以无控结构 RMS 楼板绝对加速度归一化的受控结构 RMS 楼板绝对加速度：

$$J_8(q) = \frac{\| \max_f \sigma_a(t,q) \|}{\| \max_f \hat{\sigma}_a(t,q) \|} \tag{5.36}$$

9. 以结构输入能量归一化的总耗散能量：

$$J_9(q) = \frac{\sum_k \left[\int_0^{T_q} F_k(t,q) d_k(t,q) \mathrm{d}t \right]}{\int_0^{T_q} \langle V_0(t,q) \dot{U}_g(t,q) \rangle \mathrm{d}t} \quad (5.37)$$

其中，i 为隔震支座编号，取 $1, \cdots, N_i$；k 为控制器编号，取 $1, \cdots, N_d$；f 为楼层，取 $1, \cdots, N_f$；q 为地震记录编号，取 $1, \cdots, 7$；t 为模拟时间；$\langle \cdot \rangle$ 为内积；$\| \cdot \|$ 为向量元素值。

5.5.4　地震输入

该 Benchmark 问题中使用七条地震波作为激励，分别为 Newhall，Sylmar，El Centro，Rinaldi，Kobe，Ji-ji 和 Erzinkan。每条地震波均含有垂直断层（fault-normal，FN）分量和平行断层（fault-parallel，FP）分量，如图 5.18 所示。所有激励地震波均为经过调幅，使用地震波实际值。表 5.8 和表 5.9 给出线性隔震系统在前述七条地震输入下的无控反应。

线性隔震系统无控反应（FP-Y，FN-X）[203]　　表 5.8

Uncontrolled response quantities of linear isolation system（FP-Y，FN-X）

Tab. 5.8

	Newhall	Sylmar	El Centro	Rinaldi	Kobe	Jiji	Erzinkan
基础剪力峰值(kN)	40400	63428	19392	52116	28684	112514	57974
结构剪力峰值(kN)	33128	53934	16362	43430	25048	94536	48480
基础位移峰值(m)	0.593	0.763	0.325	0.791	0.602	1.549	0.955
层间位移峰值(m)	0.012	0.016	0.004	0.012	0.008	0.024	0.012
绝对加速度峰值(g)	0.295	0.363	0.111	0.352	0.205	0.598	0.302
RMS 位移(m)	0.210	0.306	0.148	0.344	0.222	0.360	0.482
RMS 加速度(g)	0.076	0.132	0.042	0.140	0.061	0.126	0.178

线性隔震系统无控反应（FP-X，FN-Y）[203]　　表 5.9

Uncontrolled response quantities of linear isolation system（FP-X，FN-Y）

Tab. 5.9

	Newhall	Sylmar	El Centro	Rinaldi	Kobe	Jiji	Erzinkan
基础剪力峰值(kN)	36360	54944	19796	48076	34542	98576	50500
结构剪力峰值(kN)	30300	46056	16968	41814	28886	82416	41208
基础位移峰值(m)	0.583	0.731	0.486	0.855	0.637	1.490	1.051
层间位移峰值(m)	0.008	0.012	0.004	0.012	0.008	0.016	0.012
绝对加速度峰值(g)	0.231	0.318	0.135	0.329	0.191	0.509	0.267
RMS 位移(m)	0.281	0.297	0.201	0.333	0.264	0.344	0.471
RMS 加速度(g)	0.074	0.098	0.055	0.098	0.082	0.100	0.131

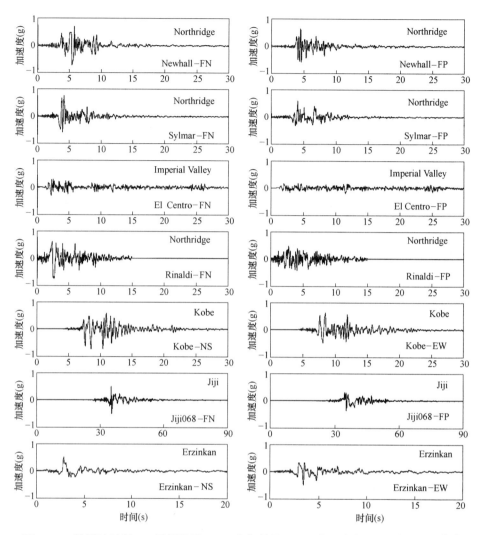

图 5.18 地震波时程 FP 平行断层，FN 垂直断层，EW 东西方向，NS 南北方向[216]

Fig. 5.18 Time Histories of Earthquake Records. FP-Fault Parallel，FN-Fault Normal，EW-East West and NS-North South

5.6 负刚度减震系统参数设计

本书研究的 Benchmark 楼房采用线性隔震支座模型，其 x、y 向刚度均为 919.422kN/m。由第二章中式（2.12），轨道块母线方程的圆频率 ω 可表示为 $\omega = \dfrac{\pi}{2x_h}$。弹簧刚度选用 $k = 200$kN/m，预压缩量 $\Delta L = 1.3$m。轨道曲面母线曲线由下式给出：

$$\begin{cases} x \leqslant -0.05 & y = 0.3 \cdot \cos\left[\dfrac{2\pi}{3} \cdot (x+0.05)\right] \\ -0.05 < x < 0.05 & y = 0.3 \\ 0.05 \leqslant x & y = 0.3 \cdot \cos\left[\dfrac{2\pi}{3} \cdot (x-0.05)\right] \end{cases} \tag{5.38}$$

相应阻尼器参数如表 5.10 所示。SIMULINK 程序如图 5.19 所示。

应用于 Benchmark 楼房模型的 SMA 阻尼器参数　　　　表 5.10

SMA damper parameters for application to the bridge Benchmark model

Tab. 5.10

参　　　数	数　　　值
单根直径(mm)	2
轴向有效长度(mm)	300
扭转有效长度(mm)	150
刚性板宽度(mm)	320

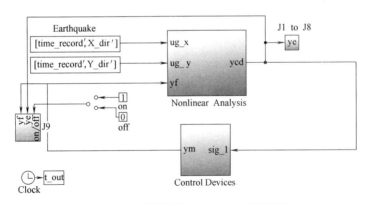

Benchmark Problem for Control of Base Isolated Buildings
by
Sriram Narasimhan, Satish Nagarajaiah, Erik Johnson and Henri Gavin

图 5.19　智能隔震楼房 Simulink 模拟程序

Fig. 5.19　Modified Simulink block for smart base isolated building

5.7　控制效果

为了直观体现负刚度减震系统的控制效果，采用位移幅值为 1 的周期信号作为输入，结果如图 5.20 所示。可以看出负刚度装置有效降低了系统的刚度，SMA 阻尼器提供了耗能能力，使滞回曲线饱满。

智能隔震 Benchmark 问题中给出七条地震波作为激励，分别为：Newhall、

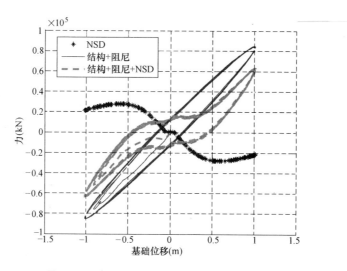

图 5. 20　负刚度减震系统各部分出力对比

Fig. 5. 20　Comparison of component forces of NSD system

Sylmar、El Centro、Rinaldi、Kobe、Jiji 和 Erzinkan，每条地震波包括正断层分量（fault-normal）和平移断层分量（fault-parallel）。图 5.21、图 5.22 和图

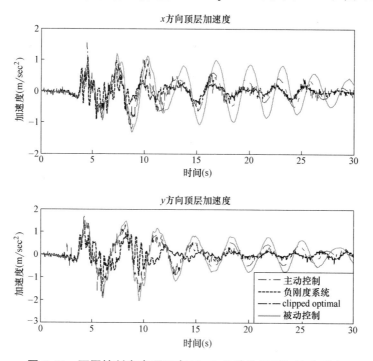

图 5. 21　不同控制方案顶层在 Newhall 波作用下加速度反应

Fig. 5. 21　Acceleration of 8th floor with different control strategy under Newhall

5.23 分别给出了原结构、主动控制、clipped-optimal 控制和负刚度系统控制在 Newhall 地震波作用下的基础和顶层位移及顶层加速度时程曲线。

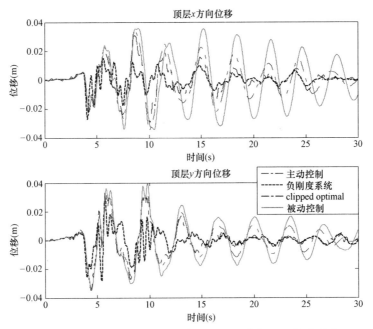

图 5.22　不同控制方案顶层在 Newhall 波作用下位移反应

Fig. 5.22　Displacement of 8th floor with different control strategy under Newhall

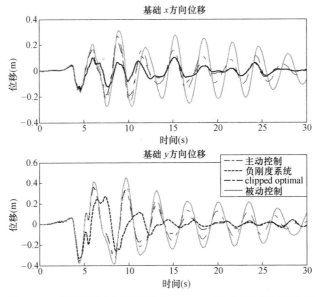

图 5.23　不同控制方案基础在 Newhall 波作用下位移反应

Fig. 5.23　Displacement of base with different control strategy under Newhall

Newhall 地震波作用下，顶层在无控、主动控制、clipped-optimal 和负刚度系统控制四种工况下 x 方向的加速度峰值分别为 $1.318 \mathrm{m/s^2}$、$1.18 \mathrm{m/s^2}$、$1.535 \mathrm{m/s^2}$ 和 $1.052 \mathrm{m/s^2}$，负刚度控制的反应分别比其他三种工况降低了 20.2%、10.8% 和 31.5%；y 方向的加速度峰值分别为 $2.06 \mathrm{m/s^2}$、$1.72 \mathrm{m/s^2}$、$1.894 \mathrm{m/s^2}$ 和 $1.457 \mathrm{m/s^2}$，负刚度控制的结果分别比其他三种工况结果降低了 29.3%，15.3% 和 23.1%。位移方面，顶层在四种工况下 x 向位移峰值分别为 $35.8 \mathrm{mm}$、$34.5 \mathrm{mm}$、$29.1 \mathrm{mm}$ 和 $27.0 \mathrm{mm}$，负刚度控制比其他三种工况结果分别降低 24.6%、21.7% 和 7.2%；顶层在四种工况下 y 方向位移峰值分别为 $40.0 \mathrm{mm}$、$33.6 \mathrm{mm}$、$35.4 \mathrm{mm}$ 和 $30.8 \mathrm{mm}$，负刚度控制比其他三种工况控制结果分别降低 23%、8.3% 和 13.0%。

Benchmark 模型在 Newhall 地震波作用下，被动控制、主动控制、clipped-optimal 和负刚度系统控制四种工况下基础 x 向位移峰值分别为 $0.31 \mathrm{m}$、$0.27 \mathrm{m}$、$0.23 \mathrm{m}$ 和 $0.14 \mathrm{m}$，负刚度系统控制的位移反应分别比其他三种工况下反应降低 54.8%、48.1% 和 39.1%；基础 y 向在四种工况下位移峰值分别为 $0.45 \mathrm{m}$、$0.37 \mathrm{m}$、$0.36 \mathrm{m}$ 和 $0.33 \mathrm{m}$，负刚度系统控制的位移分别比其他三种工况下位移降低 26.7%、10.8% 和 8.3%。

图 5.24、图 5.25 和图 5.26 给出七条地震波作用下不同控制方案对楼层位移和楼层加速度的控制效果。可以看出，在对上部结构的位移控制方面，负刚度控制相比其他两种控制方案有明显优势；其中在 El Centro、Kobe、Jiji 三条地震波激励下，三种控制方式效果相近；在其他四条地震波激励下，负刚度控制优势明显。

加速度控制方面，在 El Centro、Kobe 波作用下，负刚度系统的控制效果略逊于主动控制，但仍优于半主动控制；在其他五条地震波作用下，负刚度系统的控制效果明显优于另外两种控制方案。

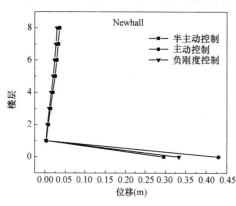
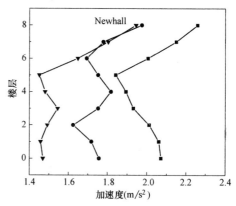

图 5.24　不同地震波作用下各控制方案的位移和加速度反应（一）

Fig. 5.24　Displacement and acceleration of the building with each

control strategy under different earthquake record （一）

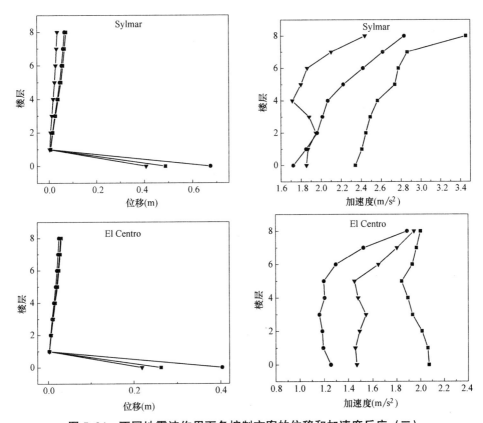

图 5.24 不同地震波作用下各控制方案的位移和加速度反应（二）

Fig. 5.24 Displacement and acceleration of the building with each
control strategy under different earthquake record（二）

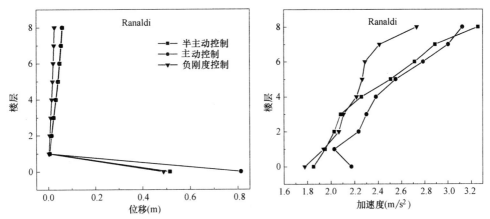

图 5.25 不同地震波作用下各控制方案的位移和加速度反应（一）

Fig. 5.25 Displacement and acceleration of the building with each
control strategy under different earthquake record（一）

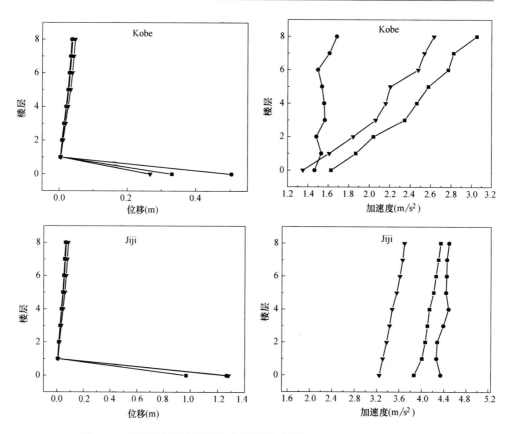

图 5.25 不同地震波作用下各控制方案的位移和加速度反应（二）

Fig. 5. 25 Displacement and acceleration of the building with each control strategy under different earthquake record（二）

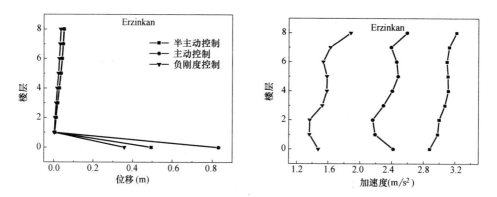

图 5.26 不同地震波作用下各控制方案的位移和加速度反应

Fig. 5. 26 Displacement and acceleration of the building with each control strategy under different earthquake record

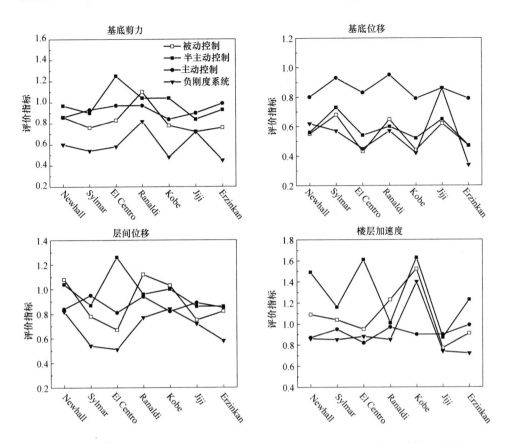

图 5.27 主动控制、限幅最优控制、被动阻尼器控制和负刚度系统控制结果

Fig. 5.27 Graph of evaluation criteria for the sample active control,

Clipped optimal control, PS and proposed NSD+PD system

图 5.27 给出七条地震波作用下负刚度减震系统（NSD+PD）的控制结果与限幅最优控制（clipped optimal control）、被动阻尼器控制（PS）和线性二次高斯控制（active control）J1、J3、J4、J5 结果对比。详细结果由表 5.11 和表 5.12 给出。

	控制效果（FP-X, FN-Y）						表 5.11		
	Control performance（FP-X, FN-Y）						Tab. 5.11		
	控制方式	J1	J2	J3	J4	J5	J6	J7	J8	J9
	被动控制	0.86	0.86	0.55	1.08	1.09	0.43	0.34	0.72	0.83
	负刚度控制	0.60	0.62	0.62	0.82	0.86	0.91	0.38	0.58	0.81
Newhall	半主动控制	0.97	1.02	0.56	1.04	1.49	0.30	0.33	0.89	0.79
	主动控制	0.86	0.88	0.80	0.84	0.87	0.14	0.68	0.79	0.44

	控制方式	J1	J2	J3	J4	J5	J6	J7	J8	J9
Sylmar	被动控制	0.76	0.77	0.68	0.78	1.04	0.45	0.41	0.62	0.81
	负刚度控制	0.54	0.58	0.57	0.54	0.85	0.94	0.28	0.40	0.83
	半主动控制	0.90	0.91	0.73	0.87	1.16	0.24	0.45	0.74	0.81
	主动控制	0.93	0.94	0.93	0.95	0.95	0.13	0.72	0.84	0.45
El Centro	被动控制	0.83	0.78	0.43	0.67	0.95	0.41	0.38	0.46	0.78
	负刚度控制	0.58	0.54	0.45	0.51	0.88	0.77	0.27	0.42	0.80
	半主动控制	1.25	1.24	0.54	1.26	1.61	0.38	0.42	0.76	0.65
	主动控制	0.97	0.95	0.83	0.81	0.82	0.10	0.78	0.70	0.37
Ranaldi	被动控制	1.10	1.10	0.65	1.12	1.23	0.42	0.42	0.56	0.82
	负刚度控制	0.82	0.82	0.57	0.77	0.85	0.82	0.38	0.41	0.81
	半主动控制	1.04	1.02	0.60	0.96	1.01	0.27	0.38	0.71	0.77
	主动控制	0.97	0.96	0.95	0.94	0.97	0.13	0.73	0.74	0.46
Kobe	被动控制	0.78	0.76	0.44	1.03	1.52	0.44	0.38	0.61	0.81
	负刚度控制	0.48	0.51	0.42	0.84	1.40	0.86	0.33	0.54	0.79
	半主动控制	1.04	1.03	0.52	1.00	1.63	0.28	0.26	0.73	0.73
	主动控制	0.84	0.85	0.79	0.82	0.90	0.10	0.75	0.69	0.41
Jiji	被动控制	0.72	0.73	0.62	0.75	0.77	0.31	0.49	0.59	0.61
	负刚度控制	0.72	0.72	0.86	0.72	0.74	0.51	0.61	0.50	0.67
	半主动控制	0.84	0.84	0.65	0.86	0.87	0.17	0.46	0.72	0.64
	主动控制	0.90	0.89	0.85	0.89	0.90	0.09	0.81	0.87	0.34
Erzinkan	被动控制	0.76	0.78	0.47	0.82	0.91	0.41	0.46	0.47	0.79
	负刚度控制	0.45	0.48	0.34	0.58	0.72	0.87	0.28	0.27	0.82
	半主动控制	0.93	0.93	0.47	0.86	1.23	0.25	0.34	0.63	0.80
	主动控制	0.99	1.02	0.79	0.85	0.99	0.11	0.80	0.78	0.45

可以看出，负刚度系统能够有效降低受控结构基底剪力、基底位移、层间位移和楼层加速度，且控制效果明显优于其他三种控制方案。在 Jiji 波作用下，负刚度系统对基底位移的控制效果较被动控制和半主动控制较差，这是由于激振频率和隔震层固有频率相对较为接近，造成传导比较大。对比样本被动控制，负刚度系统控制能够降低基础剪力 18%～58%；降低基底位移反应 14%～58%。达成了利用负刚度装置和阻尼器优点的设计目的，同时克服了二者缺陷，控制效果优秀。

控制效果 （FN-X, FP-Y）   表 5.12
Control performance （FN-X, FP-Y）   Tab. 5.12

	控制方式	J1	J2	J3	J4	J5	J6	J7	J8	J9
Newhall	被动控制	0.79	0.79	0.53	1.14	1.28	0.43	0.48	0.73	0.81
	负刚度控制	0.54	0.56	0.80	0.86	0.98	0.92	0.66	0.59	0.79
	半主动控制	0.88	0.92	0.55	1.24	1.40	0.30	0.42	0.84	0.80
	主动控制	0.80	0.86	0.75	0.85	0.84	0.15	0.72	0.72	0.43
Sylmar	被动控制	0.69	0.67	0.60	0.77	0.94	0.44	0.43	0.47	0.83
	负刚度控制	0.46	0.49	0.55	0.57	0.68	0.98	0.32	0.27	0.82
	半主动控制	0.80	0.79	0.74	0.79	0.92	0.23	0.51	0.61	0.81
	主动控制	0.96	0.94	0.91	0.92	0.92	0.13	0.71	0.73	0.54
El Centro	被动控制	0.84	0.82	0.57	0.85	1.04	0.41	0.46	0.57	0.77
	负刚度控制	0.58	0.55	0.65	0.76	1.04	0.78	0.37	0.53	0.80
	半主动控制	1.25	1.24	0.65	1.37	2.08	0.37	0.42	0.92	0.69
	主动控制	0.99	0.98	0.93	0.97	1.02	0.09	0.80	0.77	0.37
Ranaldi	被动控制	1.01	1.06	0.58	1.12	1.23	0.41	0.39	0.42	0.81
	负刚度控制	0.75	0.79	0.64	0.79	0.88	0.83	0.40	0.29	0.80
	半主动控制	0.98	1.01	0.62	0.99	1.02	0.26	0.30	0.47	0.78
	主动控制	0.90	0.94	0.74	0.95	0.94	0.10	0.67	0.63	0.48
Kobe	被动控制	0.90	0.89	0.47	0.94	1.10	0.46	0.47	0.80	0.80
	负刚度控制	0.58	0.59	0.47	0.82	1.02	0.78	0.37	0.69	0.80
	半主动控制	1.15	1.20	0.52	1.33	1.47	0.30	0.38	0.98	0.72
	主动控制	0.98	0.98	0.83	0.96	0.94	0.10	0.87	0.79	0.27
Jiji	被动控制	0.65	0.65	0.61	0.65	0.68	0.32	0.45	0.47	0.66
	负刚度控制	0.65	0.66	0.79	0.65	0.69	0.52	0.62	0.42	0.67
	半主动控制	0.74	0.73	0.63	0.73	0.80	0.17	0.46	0.61	0.64
	主动控制	0.86	0.85	0.79	0.84	0.84	0.12	0.78	0.75	0.41
Erzinkan	被动控制	0.66	0.68	0.42	0.70	0.75	0.42	0.34	0.39	0.83
	负刚度控制	0.40	0.41	0.39	0.47	0.60	0.88	0.27	0.20	0.82
	半主动控制	0.84	0.83	0.50	0.89	1.14	0.24	0.32	0.52	0.79
	主动控制	0.90	0.90	0.74	0.91	0.92	0.12	0.73	0.71	0.52

5.8 本章小结

本章把轨道式负刚度装置和多维 SMA 阻尼器结合起来，形成负刚度减震系统，并分别针对高速公路桥 Benchmark 模型和智能隔震 Benchmark 模型设计了相应的负刚度减震系统。分别研究了两个 Benchmark 模型在指定的所有地震输入下的控制效果。主要结论如下：

1. 高速公路桥 Benchmark 模型的控制中，负刚度系统在小位移时保持结构原有刚度；在位移超过虚拟屈服点时，有效降低了结构刚度。在六条地震波作用下，负刚度系统对基础剪力峰值和跨中加速度峰值的控制效果明显优于被动控制，与半主动控制相当。TurkBolu 波作用下，负刚度系统对跨中位移峰值和支座变形峰值的控制效果略逊于半主动控制，但在其他五条地震波作用下，负刚度系统控制效果均优于半主动控制。负刚度系统实现了对结构剪力和加速度的良好控制，同时避免了位移反应大幅增加的代价，以被动控制的形式达到了半主动控制的效果。

2. 智能隔震 Benchmark 模型控制中，负刚度系统同样达到了"小位移保持原刚度，中位移降低刚度，大位移强化刚度"的设计目标。在七条地震波作用下，负刚度系统在基础剪力峰值和层间位移峰值的控制效果上均优于被动控制、半主动控制和主动控制。在对基础位移峰值和楼层加速度峰值的控制上，负刚度系统分别在 Jiji 波和 Kobe 波作用下控制效果没有达到最优水平，但在其他六条地震波作用下，负刚度系统均达到或超过其他三种控制方案的最优水平，控制效果非常理想。

6 结论与展望

6.1 结论

随着结构形式日新月异的发展和人们对结构安全性、舒适性要求的提高，结构振动控制已成为当今土木工程界的核心问题之一。由于对外部信号和能量的严苛要求，主动控制和半主动控制的实际应用较少，被动控制以其构造简洁、控制效果显著等特点成为结构振动控制领域应用最多的控制方式。本书围绕被动控制的思路，提出了负刚度振动控制系统。从新型轨道式负刚度装置研制开发及测试、多维 SMA 阻尼器研制及测试、二者理论建模和负刚度减震系统对 Benchmark 模型控制分析四个方面进行了系统深入的研究，主要研究成果和结论如下：

（1）开发研制了新型轨道式负刚度装置。该装置利用预压缩弹簧将滚轮压向倾斜轨道面，轨道面反作用力的水平分力与运动方向一致，从而提供负刚度。该装置具有以下优点：1）该装置的力-位移关系曲线可以任意设计，通过调整预压缩弹簧刚度和轨道块曲面母线方程能够方便地达成设计目标；2）安装该装置对结构不产生任何附加荷载。通过振动台拟静力试验研究了弹簧预压缩量分别为 12.70mm、19.05mm 和 25.40mm 时，轨道式负刚度装置的滞回特性，建立了负刚度装置的理论模型，并对其在不同弹簧预压缩量下的滞回性能进行了数值模拟，其结果与试验结果一一吻合，验证了理论模型的正确性。通过振动台扫频试验，研究了负刚度装置的频率响应特性，其结果反映了负刚度装置先软化结构刚度再硬化结构的设计目标。

（2）开发研制并测试了多维 SMA 阻尼器。采用万能试验机研究了 SMA 阻尼器在拉伸循环荷载下的力学性能，结果表明：多维 SMA 阻尼器在拉伸循环荷载作用下滞回曲线稳定、饱满，且自复位能力良好。超弹性 SMA 丝的初始应变越小其耗能能力越强，随着初始应变增加，其滞回图形逐渐收窄。加载频率对阻尼器每循环耗能和等效阻尼比影响不大；随加载频率增加，阻尼器的割线刚度与恢复力会略微增加。扭转荷载下阻尼器滞回曲线稳定、饱满。建立了多维 SMA 阻尼器的理论模型，对阻尼器在循环荷载下的拉伸和扭转进行了数值模拟，不同运动幅度下的模拟结果与试验结果均吻合较好，证明了阻尼器理论模型的有效性。

（3）将轨道式负刚度装置和多维 SMA 阻尼器结合，构成负刚度减震系统，利用 Matlab/Simulink 程序建立了负刚度减震系统仿真模型，并将其应用到第二阶段的高速公路桥 Benchmark 模型控制模拟中。在六条地震波作用下，分别计算了 Benchmark 问题定义的 15 个评价指标，并与 Benchmark 问题提供的半主动控制和被动控制范例进行了效果对比，结果表明，负刚度减震系统在对结构基础剪力和跨中加速度的控制效果上优于另外两种控制策略；由于 SMA 阻尼器的加入，跨中加速度和跨中位移得到有效限制，其控制效果优于被动控制范例，略逊于半主动控制范例。负刚度减震系统完全以被动控制的形式达到了半主动控制的效果。

（4）针对智能隔震楼房 Benchmark 模型建立了负刚度减震系统的 Matlab/Simulink 仿真模型。分别对七条地震波在双向作用下的控制情况进行了数值模拟，计算了 Benchmark 问题定义的九个评价指标，并与 Benchmark 问题提供的主动控制、半主动控制和被动控制范例进行比较，结果表明，负刚度系统在对基础剪力和层间位移的控制效果均优于其他三种控制策略，对基础位移控制也普遍优于其他控制范例，仅在 Jiji 波作用下略逊于被动和半主动控制；对楼层加速度的控制效果全面优于被动控制和半主动控制，仅在 El Centro 波和 Jiji 波作用下略逊于主动控制的效果。

6.2 创新点

（1）研制了轨道式负刚度装置，提出了轨道式负刚度装置的设计方法。

提出了一种简单可靠、受力明确的负刚度装置，通过调整轨道形状和弹簧刚度，该装置可达到任意的力-位移曲线。提出了轨道式负刚度装置的设计方法，并以余弦曲线作为轨道面母线，设计并制作了轨道式负刚度装置模型。在初始位置设置了水平段以保证初始刚度，以此模拟了结构屈服行为；在较大位移处通过轨道块曲面变化逐渐提高刚度，限制位移进一步增大。振动台试验结果与数值模拟结果均显示轨道式负刚度装置能够有效提供负刚度力，并具备自复位能力。

（2）研制了多维 SMA 阻尼器，创建了阻尼器拉伸和扭转的理论模型。

多维 SMA 阻尼器能够提供轴向拉压阻尼和绕轴扭转阻尼。其中，扭转阻尼的达成，是通过刚性板和中心转轴把扭转转化为对阻尼丝的拉伸。调整刚性板尺寸及 SMA 丝长度和直径，能够获得不同的滞回性能曲线。使用理论模型对阻尼器力学性能进行数值模拟，结果与试验结果吻合，验证了理论模型的正确性。

（3）将轨道式负刚度装置和多维 SMA 阻尼器合并构成负刚度减震系统，并提出了优化设计方案，基于两种 Benchmark 模型研究了其控制效果。

负刚度装置弱化结构导致位移增加，SMA 阻尼器可以把位移限制在可接受的范围内，二者的数值需经过优化设计以达到预期的控制效果。针对负刚度减震系统建立了优化数学模型，提出了考虑四个主要控制指标的目标函数。以一栋五层结构为例，进行了负刚度减震系统优化设计，优化结果兼顾了基底剪力和基底位移的控制效果。分别针对高速公路桥 Benchmark 模型和智能隔震楼房 Benchmark 模型设计了负刚度减震系统，分别在 6 条和 7 条地震波下进行了数值模拟。控制结果与 Benchmark 问题提供的控制范例进行了对比，结果显示，高速公路桥 Benchmark 模型控制中，负刚度系统的控制效果达到了半主动控制的水平；智能隔震楼房 Benchmark 模型控制中，负刚度系统的控制效果明显优于主动、半主动和被动控制范例，说明了负刚度系统的有效性。

6.3 展望

本书提出了新型轨道式负刚度装置和多维 SMA 阻尼器，并将二者结合起来构成负刚度减震系统。理论分析和控制效果都证明负刚度减震系统能够将两种装置取长补短，获得令人满意的控制效果。但限于作者水平及研究时间，作者认为还有许多内容需要深入研究，具体包括以下几点：

（1）将负刚度减震系统从基础隔震推广到上层结构，并研究其布置规律。

（2）进一步研究复杂轨道曲面的负刚度控制效果。

（3）继续研制、改进 SMA 阻尼器，将 SMA 自复位能力与粘滞阻尼器、摩擦阻尼器等其他类型阻尼器结合起来，开发出兼具自复位功能和高耗能能力的新型阻尼器。

（4）对负刚度减震系统的加速度和位移反应谱进行研究。

参考文献

[1] 崔秋文，李建一，董军，等. 印度洋大地震与海啸灾害综述 [J]. 山西地震，2005 (3)：42-48.

[2] 郑通彦，李洋，侯建盛，等. 2008 年中国大陆地震灾害损失述评 [J]. 灾害学，2010，25 (2)：112-118.

[3] 陈虹，王志秋，李成日. 海地地震灾害及其经验教训 [J]. 国际地震动态，2011，2011 (9)：36-41.

[4] 郑言. 智利防御地震灾害的经验及启示 [J]. 林业劳动安全，2010，23 (3)：58-60.

[5] 周福霖，崔鸿超，安部重孝. 东日本大地震灾害考察报告 [J]. 建筑结构，2012，42 (4)：1-20.

[6] 刘志鹏. 地震伤亡发生分析与预测——基于玉树地震伤亡建模 [D]. 上海：第二军医学，2013.

[7] 李宏男. 建筑抗震设计原理 [M]. 北京：中国建筑工业出版社，1996.

[8] Yao J T P. Concept of Structural Control [J]. Journal of the Structural Division，1972，98 (7)：1567-1574.

[9] Housner G W，Bergman L A，Caughey T K，et al. Structural control：past，present and future [J]. Journal of Engineering Mechanics，1997，123 (9)：897-971.

[10] Fujino，Y.，Soong T. T.，Speneer B. F. Structural Control：Basie Concepts and Ap-plications [C]. The Proceedings of the 1996 ASCE Structures congress，Chicago，Illi-nois，April 15-18，1996.

[11] Spencer Jr B F，Nagarajaiah S. State of the art of structural control [J]. Journal of Structural Engineering，2003，129 (7)：845-856.

[12] 李宏男，阎石. 中国结构控制的研究与应用 [J]. 地震工程与工程振动，1999，19 (1)：107-112.

[13] 唐家祥，李黎，李英杰. 叠层橡胶基础隔震房屋结构设计与研究 [J]. 建筑结构学报，1996，17 (2)：37-47.

[14] 武田寿一. 建筑物隔震、防振与控振 [M]. 北京：中国建筑工业出版社，1993.

[15] 朱宏平，唐家祥. 叠层橡胶隔震支座的振动传递特性 [J]. 工程力学，1995，12 (4)：109-114.

[16] 唐家祥，刘再华. 建筑结构基础隔震 [M]. 武汉：华中理工大学出版社，1993.

[17] Kelly J M. Base isolation：origins and development [J]. EERC News，1991，12 (1)：1-3.

[18] 苏经宇，曾德民. 我国建筑结构隔震技术的研究与应用 [J]. 地震工程与工程振动，2001，(4)：94-101.

[19] 刘文光，周福霖，庄学真等. 铅芯夹层橡胶隔震垫基本力学性能研究 [J]. 地震工程与工程振动，1999，19 (1)：93-99.

[20] 中华人民共和国国家标准（GB 50011—2001）. 建筑抗震设计规范 [S]. 北京：中国建

筑工业出版社，2001.

［21］ 杨迪雄，李刚，程耿东. 隔震结构的研究概况和主要问题［J］. 力学进展，2003，33（3）：302-312.

［22］ 李宏男，吴香香. 橡胶垫隔震支座结构高宽比限值研究［J］. 建筑结构学报，2003，24（2）：14-19.

［23］ Soong T T, Dargush G F. Passive energy dissipation systems in structural engineering［M］. Wiley, 1997.

［24］ 魏文晖，瞿伟廉. 设置 FVD 框架结构的非线性地震反应控制研究［J］. 东南大学学报（自然科学版），2004，34（13）：386-389.

［25］ 李玉顺，沈世钊. 安装软钢阻尼器的钢框架结构抗震性能研究［J］. 哈尔滨工业大学学报，2004，36（12）：1623-1626.

［26］ Pall, A S, and Marsh, C. Response of friction damped braced frames［J］. ASCE Journal of the Structural Division, 1982, 108（6）：1313-1323.

［27］ 欧进萍，吴斌，龙旭等. 北京饭店消能减振抗震加固分析与设计：时程分析法［J］. 地震工程与工程振动. 2001，21（4）：82-87.

［28］ Soong T T, Spencer B F. Supplemental energy dissipation：state-of-the-art and state of the practice［J］. Engineering Structures，2002，24（3）：243-259.

［29］ Kelly J M, Skinner R I, Heine A J. Mechanisms of energy absorption in special devices for use in earthquake resistant structures［J］. Bulletin of N. Z. society for Earthquake Engineering. 1972，5（3）：63-88.

［30］ 周云. 摩擦耗能减震结构设计［M］. 武汉：武汉理工大学出版社，2006.

［31］ 周云，刘季. 双环软钢耗能器的试验研究［J］. 地震工程与工程振动，1998，18（2）：117-123.

［32］ 周云. 金属耗能减震结构设计［M］. 武汉：武汉理工大学出版社，2006.

［33］ 周云. 粘滞阻尼减震结构设计［M］. 武汉：武汉理工大学出版社，2006.

［34］ 吴斌，张纪刚，欧进萍. Pall 型摩擦阻尼器的试验研究与数值分析［J］. 建筑结构学报，2003，24（2）：7-13.

［35］ 周强，吕西林. 组合耗能系统的振动台试验与分析［J］. 振动工程学报. 2002，15（3）：305-310.

［36］ 周云. 粘弹性阻尼减震结构设计［M］. 武汉：武汉理工大学出版社，2006.

［37］ Sladek J R, Klingner R E. Effect of tuned-mass dampers on seismic response［J］. Journal of Structural Engineering, 1983, 109（8）：2004-2009.

［38］ 吴波，李惠. 液压粘弹性控制系统对建筑结构抗震控制的研究［J］. 地震工程与工程振动，1996，16（2）：67-75.

［39］ 李宏男，李钢，李中军，等. 钢筋混凝土框架结构利用"双功能"软钢阻尼器的抗震设计［J］. 建筑结构学报，2007，28（4）：36-43.

［40］ 徐赵东，周洲，赵鸿铁，等. 粘弹性阻尼器的计算模型［J］. 工程力学，2001，18（6）：88-93.

［41］ 吴斌，张纪刚. 基于几何非线性的 Pall 型摩擦阻尼器滞回特性分析与试验验证［J］. 地

震工程与工程振动，2001，21（4）：60-65.

[42] Mazzolani F M. Passive control technologies for seismic-resistant buildings in Europe [J]. Progress in Structural Engineering and Materials，2001，3（3）：277-287.

[43] Fujii K，Tamura Y，Sato T，et al. Wind-induced vibration of tower and practical applications of tuned sloshing damper [J]. Journal of Wind Engineering and Industrial Aerodynamics，1990，33（1-2）：263-272.

[44] Koh H M，Kim J K，Park J H. Fluid-structure interaction analysis of 3-D rectangular tanks by a variationally coupled BEM-FEM and comparison with test results [J]. Earthquake Engineering and Structural Dynamics，1998，27（2）：109-124.

[45] Sadek F，Mohraz B，Taylor A W，et al. A method of estimating the parameters of tuned mass dampers for seismic applications [J]. Earthquake Engineering and Structural Dynamics，1997，26（6）：617-636.

[46] Aizawa S，Fukao Y，Minewaki S，et al. An experimental study on the active mass damper [C]. Proceedings of Ninth World Conference on Earthquake Engineering. 1988，5：871-876.

[47] Fujino Y，Sun L，Pacheco B M，et al. Tuned liquid damper (TLD) for suppressing horizontal motion of structures [J]. Journal of Engineering Mechanics，1992，118（10）：2017-2030.

[48] Reed D，Yeh H，Yu J et al. Tuned liquid dampers under large amplitude excitation [J]. Journal of Wind Engineering and Industrial Aerodynamics. 1998，(74-76)：923-930.

[49] Miranda，J C. On tuned mass dampers for reducing the seismic response of structures [J]. Earthquake Engineering and Structural Dynamics，2005，34（7）：847-865.

[50] Dirithy R，Jinkyu Y，Harry Y. et al. Investigation of tuned liquid dampers under large amplitude excitation [J]. Journal of Engineering Mechanics，1998，124（4）：405-413.

[51] 刘伟庆，魏琏，丁大钧等. 摩擦耗能支撑钢筋混凝土框架结构的振动台试验研究 [J]. 建筑结构学报，1997，18（3）：29-37.

[52] 李宏男，张玲，杨玉石. 利用多个调液阻尼器减小高层建筑地震反应的研究 [J]. 地震工程与工程振动，1997，17（1）：23-31.

[53] Chang J C H，Soong T T. Structural control using active tuned mass dampers [J]. Journal of Engineering Mechanics Division，1980，106（6）：1091-1098.

[54] Fujino Y，Sun L M. Vibration control by multiple tuned liquid dampers (MTLDs) [J]. Journal of Structural Engineering，1993，119（12）：3482-3502.

[55] Chen G D，Wu J N. Experimental study on multiple tuned mass dampers to reduce seismic responses of a three-story building structure [J]. Earthquake Engineering and Structural Dynamics，2003，32（5）：793-810.

[56] 瞿伟廉，陈妍桂. TLD 对珠海金山大厦主楼风振控制的设计 [J]. 建筑结构学报，1995，16（3）：21-28.

[57] 李春祥. 地震作用下高层钢结构的最优 MTMD 控制策略及设计 [J]. 计算力学学报. 2002，19（1）：83-88.

［58］ Loh C H, Chern W Y. Seismic effectiveness of active tuned mass dampers for the control of flexible structures ［J］. Probabilistic Engineering Mechanics, 1994, 9 (4): 225-234.

［59］ Xu Y L, Kwok K C S. Semianalytical method for parametric study of tuned mass dampers ［J］. Journal of Structural Engineering, 1994, 20 (3): 747-764.

［60］ 蔡国平, 孙峰, 黄金枝. MTMD 控制结构地震反应的特性研究 ［J］. 工程力学, 2000, 17 (3): 55-59.

［61］ Ghosh A, Basu, B. Effect of soil interaction on the performance of tuned mass dampers for seismic applications ［J］. Journal of Sound and Vibration, 2004, 274 (3-5): 1079-1090.

［62］ Wu J N, Chen G D, Lou, M L. Seismic effectiveness of Tuned Mass Dampers considering soil-structure interaction ［J］. Earthquake Engineering and Structural Dynamics, 28 (11): 1219-1233.

［63］ Vandiver J K, Mitome S. Effect of liquid storage tanks on the dynamic response of offshore platforms ［J］. Journal of Petroleum Technology, 1979, 31 (10): 1231-1240.

［64］ 叶继红, 陈月明, 沈世钊. 网壳结构 TMD 减震系统的优化设计 ［J］. 振动工程学报, 2000, 13 (3): 376-384.

［65］ 田石柱, 刘季. 结构模型的 AMD 主动控制试验 ［J］. 地震工程与工程振动, 1999, 19 (4): 90-94.

［66］ Lee S C, Reddy D V. Frequency tuning of offshore platform by liquid sloshing ［J］. Applied Ocean Research, 1982, 4 (4): 226-231.

［67］ 宋根由. 结构主动控制（AMD）系统试验与分析 ［D］ 哈尔滨: 哈尔滨工业大学, 1996.

［68］ Lin Y Y, Cheng C M, Lee C H. A tuned mass damper for suppressing the coupled flexural and torsional buffeting response of long-span bridges ［J］. Engineering Structures, 2000, 22 (9): 1195-1204.

［69］ 欧进萍, 王刚, 田石柱. 海洋平台结构的 AMD 主动控制试验研究 ［J］. 高技术通讯, 2002, 12 (10): 85-90.

［70］ 孙树民. 自立式独柱平台的 TMD 减震控制研究 ［J］. 中国海洋平台, 2000, 15 (6): 6-9.

［71］ 胡继军, 黄金枝, 李春祥等. 网壳—TMD 风振控制分析 ［J］. 建筑结构学报, 2001, 22 (3): 31-35.

［72］ 陈国良, 王煦法, 庄镇泉等. 遗传算法及其应用 ［M］. 北京: 人民邮电出版社, 1996.

［73］ 段海滨. 蚁群算法原理及其应用 ［M］. 北京: 科学出版社, 2005.

［74］ 王永骥. 神经元网络控制 ［M］. 北京: 机械工业出版社, 1999.

［75］ 姜德生, Richard O. Claus. 智能材料、器件、结构与应用 ［M］. 武汉: 武汉工业大学出版社, 2000.

［76］ Iemura H, Pradono M H. Application of pseudo-negative stiffness control to the benchmark cable-stayed bridge ［J］. Journal of Structural Control, 2003, 10 (3-4): 187-203.

［77］ Trimboli M S, Wimmel R, Breitbach E J. Quasi-active approach to vibration isolation using magnetic springs ［C］. 1994 North American Conference on Smart Structures and

Materials. International Society for Optics and Photonics, 1994: 73-83.

[78] Platus A D L. Negative-Stiffness-Mechanism vibration isolation systems [J]. Proceedings of SPIE-The International Society for Optical Engineering, 1992, 3786: 44-54.

[79] Mizuno T. Proposal of a vibration isolation system using zero-power magnetic suspension [C]. Proc. Asia-Pacific Vibration Conference. 2001, 2: 423-427.

[80] Hirokazu Iemura, Akira Igarashi, Mulyo Harris Pradono. et al Negative stiffness friction damping for seismically isolated structures [J]. Structural control and health monitoring 2006. 13: 775-791.

[81] 张建卓, 董申, 李旦. 基于正负刚度并联的新型隔振系统研究 [J]. 纳米技术与精密工程, 2004, 2 (4): 314-318.

[82] Sarlis A A, Pasala D T R, Constantinou M C, et al. Negative stiffness device for seismic protection of structures [J]. Journal of Structural Engineering, 2012, 139 (7): 1124-1133.

[83] Reinhorn A M, Viti S, Cimellaro G P. Retrofit of structures: Strength reduction with damping enhancement [C]. Proceedings of the 37th UJNR Panel Meeting on Wind and Seismic Effects. 2005: 16-21.

[84] Pasala D T R, Sarlis A A, Nagarajaiah S, et al. Adaptive Negative Stiffness: New Structural Modification Approach for Seismic Protection [J]. Journal of Structural Engineering, 2013, 139 (1): 1112-1123.

[85] Chang K C, Soong T T, Oh S T, et al. Seismic response of a 2/5 scale steel structure with added viscoelastic dampers [J]. NCEER Rep, 1991, 91: 0012.

[86] 克拉夫, 彭津. 结构动力学 [M]. 北京: 科学出版社, 1981.

[87] Viti, S., G. P. Cimellaro, and A. M. Reinhorn, Retrofit of a hospital through strength reduction and enhanced damping [J]. Smart Structures and Systems, 2006. 2 (4): 339-355.

[88] Platus D L. Negative-stiffness-mechanism vibration isolation systems [C]. SPIE's International Symposium on Optical Science, Engineering, and Instrumentation. International Society for Optics and Photonics, 1999: 98-105.

[89] Mizuno T, Toumiya T, Takasaki M. Vibration isolation system using negative stiffness [J]. JSME International Journal Series C, 2003, 46 (3): 807-812.

[90] Carrella A, Brennan M J, Waters T P. Demonstrator to show the effects of negative stiffness on the natural frequency of a simple oscillator [J]. Proceedings of the Institution of Mechanical Engineers, Part C: Journal of Mechanical Engineering Science, 2008, 222 (7): 1189-1192.

[91] 彭献, 陈树年, 宋福磐. 负刚度的工作原理及应用初探 [J]. 湖南大学学报, 1992, 19 (4): 89-94.

[92] 陈树年. 正负刚度并联结构的稳定性及应用研究 [J]. 振动、测试与诊断, 1995, 15 (2): 14-18.

[93] 纪晗, 熊世树, 袁涌. 基于负刚度原理的结构隔震效果分析 [J]. 华中科技大学学报: 自然科学版, 2010, 38 (2): 76-79.

[94]　Iemura H，Pradono M H. Advances in the development of pseudo-negative-stiffness dampers for seismic response control [J]. Structural Control and Health Monitoring，2009，16（7-8）：784-799.

[95]　Igarashi A，Higuchi M，Iemura H. Performance Evaluation of the Pseudo Negative Stiffness Control Based on a Skyhook System Approach [C]. Proc. 4th World Conference on Structural Control and Monitoring. 2006.

[96]　Nagarajaiah，S.，Reinhorn，A. M.，Constantinou，M. C.，Taylor D.，Pasala，D. T. R. and Sarlis，A. A.，True Adaptive Negative Stiffness：A New Structural Modification Approach for Seismic Protection [C]. Tokyo，5th World Conference on Structural Control and Monitoring，2010.

[97]　Sarlis A A. Negative Stiffness Device for Seismic Protection of Structures [J]. Journal of Structural Engineering，2013，139（7）：1124-1133.

[98]　Iemura H，Kouchiyama O，Toyooka A，et al. Development of the friction-based passive negative stiffness damper and its verification tests using shaking table [C]. Proc.，14th World Conf. on Earthquake Engineering. 2008.

[99]　杨大智. 智能材料与智能系统 [M]. 天津：天津大学出版社，2000.

[100]　Graesser E J，Cozzarelli F A. Shape memory alloys as new materials for aseismic isolation [J]. Journal of Engineering Mechanics，1991，117（11）：2590-2608.

[101]　Robert C K，Jack H，Steve S. Structural damping with shape memory alloys：one class device [C]. Proceedings of SPIE. 1995，2445：225-240.

[102]　Johnson C D. Experimental and analytical studies of shape-memory alloy dampers for structural control [J]. Proceedings of SPIE-The International Society for Optical Engineering，1995，2445：241-251.

[103]　Dolce M，Cardone D，Marnetto R. Implementation and testing of passive control devices based on shape memory alloys [J]. Earthquake Engineering & Structural Dynamics，2000，29（7）：945-968.

[104]　李惠，毛晨曦. 新型 SMA 耗能器及结构地震反应控制试验研究 [J]. 地震工程与工程振动，2003，23（1）：133-139.

[105]　Liu S C. Development of shape memory alloy damper for intelligent bridge systems [C]. Materials Science Forum. 2000：31-42.

[106]　Tamai H，Kitagawa Y. Pseudoelastic behavior of shape memory alloy wire and its application to seismic resistance member for building [J]. Computational Materials Science，2002，25（1-2）：218-227.

[107]　Ozbulut O E，Daghash S，Sherif M M. Shape Memory Alloy Cables for Structural Applications [J]. Journal of Materials in Civil Engineering，2015，28（4）.

[108]　Kari A，Ghassemieh M，Abolmaali S A. A new dual bracing system for improving the seismic behavior of steel structures [J]. Smart Materials and Structures，2011，20（12）：125020.

[109]　Miller D J，Fahnestock L A，Eatherton M R. Development and experimental validation

of a nickel-titanium shape memory alloy self-centering buckling-restrained brace [J]. Engineering Structures, 2012, 40: 288-298.

[110] Ozbulut O E, Roschke P N, Lin P Y, et al. GA-based optimum design of a shape memory alloy device for seismic response mitigation [J]. Smart Materials and Structures, 2010, 19 (6): 065004.

[111] Attanasi G, Auricchio F, Fenves G L. Feasibility investigation of superelastic effect devices for seismic isolation applications [J]. Journal of Materials Engineering and Performance, 2009, 18 (5-6): 729-737.

[112] Ozbulut O E, Hurlebaus S. Evaluation of the performance of a sliding-type base isolation system with a NiTi shape memory alloy device considering temperature effects [J]. Engineering Structures, 2010, 32 (1): 238-249.

[113] Ozbulut O E, Hurlebaus S. Energy-balance assessment of shape memory alloy-based seismic isolation devices [J]. Smart Structures and Systems, 2011, 8 (4): 399-412.

[114] Ozbulut O E, Hurlebaus S. Optimal design of superelastic-friction base isolators for seismic protection of highway bridges against near-field earthquakes [J]. Earthquake Engineering & Structural Dynamics, 2011, 40 (3): 273-291.

[115] Ozbulut O E, Hurlebaus S. Seismic assessment of bridge structures isolated by a shape memory alloy/rubber-based isolation system [J]. Smart Materials and Structures, 2010, 20 (1): 015003.

[116] Ozbulut O E, Hurlebaus S. A comparative study on the seismic performance of superelastic-friction base isolators against near-field earthquakes [J]. Earthquake Spectra, 2012, 28 (3): 1147-1163.

[117] Ozbulut O E, Hurlebaus S, DesRoches R. Seismic response control using shape memory alloys: a review [J]. Journal of Intelligent Material Systems and Structures, 2011: 1045389X11411220.

[118] Dezfuli F H, Alam M S. Shape memory alloy wire-based smart natural rubber bearing [J]. Smart Materials and Structures, 2013, 22 (4): 045013.

[119] Bhuiyan A R, Alam M S. Seismic performance assessment of highway bridges equipped with superelastic shape memory alloy-based laminated rubber isolation bearing [J]. Engineering Structures, 2013, 49: 396-407.

[120] Dieng L, Torra V, Pilvin P. On the use of Shape Memory Alloys dampers to reduce the vibration amplitudes of civil engineering cables [M]. Civil Engineering Topics, Volume 4. Springer New York, 2011: 221-234.

[121] Faravelli L, Fuggini C, Ubertini F. Experimental study on hybrid control of multimodal cable vibrations [J]. Meccanica, 2011, 46 (5): 1073-1084.

[122] Mekki O B, Auricchio F. Performance evaluation of shape-memory-alloy superelastic behavior to control a stay cable in cable-stayed bridges [J]. International Journal of Non-Linear Mechanics, 2011, 46 (2): 470-477.

[123] Sharabash A M, Andrawes B O. Application of shape memory alloy dampers in the seis-

mic control of cable-stayed bridges [J]. Engineering Structures, 2009, 31 (2): 607-616.

[124] Torra V, Auguet C, Isalgue A, et al. Built in dampers for stayed cables in bridges via SMA. The SMARTeR-ESF project: a mesoscopic and macroscopic experimental analysis with numerical simulations [J]. Engineering Structures, 2013, 49: 43-57.

[125] Andrawes B, DesRoches R. Unseating prevention for multiple frame bridges using superelastic devices [J]. Smart Materials and Structures, 2005, 14 (3): 60.

[126] Guo A, Zhao Q, Li H. Experimental study of a highway bridge with shape memory alloy restrainers focusing on the mitigation of unseating and pounding [J]. Earthquake Engineering and Engineering Vibration, 2012, 11 (2): 195-204.

[127] Padgett J E, DesRoches R, Ehlinger R. Experimental response modification of a four-span bridge retrofit with shape memory alloys [J]. Structural Control and Health Monitoring, 2010, 17 (6): 694-708.

[128] Indirli M, Castellano M G, Clemente P, et al. Demo-application of shape memory alloy devices: the rehabilitation of the S. Giorgio Church bell tower [C]. SPIE's 8th Annual International Symposium on Smart Structures and Materials. International Society for Optics and Photonics, 2001: 262-272.

[129] AlSaleh R, Casciati F, El-Attar A, et al. Experimental validation of a shape memory alloy retrofitting application [J]. Journal of Vibration and Control, 2011: 1077546311399946.

[130] 徐祖耀. 形状记忆材料 [M]. 上海: 上海交通大学出版社, 2000.

[131] G. S. Polan. Sprinklers with shape-memory alloy actuators [P]. US Patent 5494113, 1994.

[132] Machado L G, Savi M A. Medical applications of shape memory alloys [J]. Brazilian Journal of Medical and Biological Research, 2003, 36 (6): 683-691.

[133] A. Hines, T. J. Gausman, W. H. Glime, S. H. Hill and B. S. Rigsb. Shape memory alloy actuated control valve [P]. US Patent 431694, 2001.

[134] Haga Y, Tanahashi Y, Esashi M. Small diameter active catheter using shape memory alloy [C]. Micro Electro Mechanical Systems, 1998. MEMS 98. Proceedings. , The Eleventh Annual International Workshop on. IEEE, 1998: 419-424.

[135] Wu M H, Schetky L M. Industrial applications for shape memory alloys [C]. Proceedings of the International Conference on Shape Memory and Superelastic Technologies. 2000: 171-182.

[136] Eum J, Wu M H. Removable nitinol stent for temporary relief of lower urinary tract obstruction [J]. Shape Memory and Superelastic Technologies (SMST-2000), 2000.

[137] Anson T. Shape memory alloys—medical applications [J]. Materials World, 1999, 7 (12): 745-747.

[138] Paine J S N, Rogers C A. The response of SMA hybrid composite materials to low velocity impact [J]. Journal of Intelligent Material Systems and Structures, 1994, 5 (4): 530-535.

[139] Saadat S, Salichs J, Noori M, et al. An overview of vibration and seismic applications of NiTi shape memory alloy [J]. Smart Materials and Structures, 2002, 11 (2): 218.

[140] Han Y M, Park C J, Choi S B. End-point position control of a single-link arm using shape memory alloy actuators [J]. Proceedings of the Institution of Mechanical Engineers, Part C: Journal of Mechanical Engineering Science, 2003, 217 (8): 871-882.

[141] Iemura H, Igarashi A, et al. Negative stif&ess friction damping for seismically isolated structures [J]. Structural Control and Health Monitoring, 2006, 13: 775-791.

[142] Iemura H, Kouchiyama O, Toyooka A, et al. Development of the friction-based passive negative stiffness damper and its verification tests using shaking table [C]. Proc., 14th World Conf. on Earthquake Engineering. 2008.

[143] Fenz D M, Constantinou M C. Mechanical behavior of multi-spherical sliding bearings [M]. Multidisciplinary Center for Earthquake Engineering Research, 2008.

[144] 段玉新. 磁致伸缩负刚度阻尼器设计研究 [D]. 武汉, 华中科技大学, 2011.

[145] 付杰. 负刚度磁流变阻尼器减震系统的理论与试验研究 [D]. 武汉, 华中科技大学, 2014.

[146] 史鹏飞. 磁流变阻尼器的拟负刚度控制及实时混合试验方法 [D]. 哈尔滨, 哈尔滨工业大学 2011.

[147] Johnson A D. Vacuum-deposited TiNi shape memory film: characterization and applications in microdevices [J]. Journal of Micromechanics and Microengineering, 1991, 1 (1): 34.

[148] Buehler W J, Gilfrich J V, Wiley R C. Effect of low-temperature phase changes on the mechanical properties of alloys near composition TiNi [J]. Journal of Applied Physics, 1963, 34 (5): 1475-1477.

[149] K. Otsuka and K. Shimizu. Pseudoelasticity and Shape Memory Effects in Alloys [J]. Int. Metals Reviews, 31: 93-114, 1984.

[150] G. Sayal, E. I. Rivin and P. R. S. Johal. Giant superelasticity effect in niti superelastic materials and its applications [J]. Journal of Material in Civil Engineering, 2006, 18: 851-857.

[151] Duerig T W, Melton K N, Stöckel D. Engineering aspects of shape memory alloys [M]. Butterworth-Heinemann, 2013.

[152] Lin P H, Tobushi H, Tanaka K, et al. Pseudoelastic behaviour of TiNi shape memory alloy subjected to strain variations [J]. Journal of Intelligent Material Systems and Structures, 1994, 5 (5): 694-701.

[153] 杜园芳, 王社良, 张博. SMA 自复位隔震结构地震响应分析 [J]. 水利与建筑工程学报, 2010, 08 (4): 104-106.

[154] Wilde K, Gardoni P, Fujino Y. Base isolation system with shape memory alloy device for elevated highway bridges [J]. Engineering Structures, 2000, 22 (3): 222-229.

[155] 李忠献, 陈海泉, 刘建涛. 应用 SMA 复合橡胶支座的桥梁隔震 [J]. 地震工程与工程振动, 2002, 22 (2): 143-148.

[156] 陈海泉，李忠献，李延涛. 应用形状记忆合金的高层建筑结构智能隔震 [J]. 天津大学学报（自然科学与工程技术版），2002，35（6）：761-765.

[157] Yang J G，Baek M C，Lee J Y，et al. Energy Dissipation Capacity of the T-stub Fastened by SMA bars [J]. Journal of Korean Society of Steel Construction，2014，26（3）：231-240.

[158] Mayes J J，Lagoudas D C，Henderson B K. An experimental investigation of shape memory alloy springs for passive vibration isolation [C]. Proc. Conf. AIAA Space 2001 Conference and Exposition. 2001.

[159] Clark P W，Aiken I D，Kelly J M，et al. Experimental and analytical studies of shape-memory alloy dampers for structural control [C]. Smart Structures & Materials' 95. International Society for Optics and Photonics，1995：241-251.

[160] Higashino M，Aizawa S，Clark P W，et al. Experimental and analytical studies of structural control system using shape memory alloy [C]. Second International Workshop on Structural Control，December. 1996：18-21.

[161] Dolce M，Cardone D，Ponzo F C，et al. Shaking table tests on reinforced concrete frames without and with passive control systems [J]. Earthquake Engineering and Structural Dynamics，2005，34（14）：1687-1717.

[162] 毛晨曦，李惠，欧进萍. 形状记忆合金被动阻尼器及结构地震反应控制试验研究和分析 [J]. 建筑结构学报，2005，26（3）：38-44.

[163] Li H，Liu M，Ou J. Vibration mitigation of a stay cable with one shape memory alloy damper [J]. Structural Control & Health Monitoring，2004，11（1）：21-36.

[164] Liu M，Li H，Song G，et al. Investigation of vibration mitigation of stay cables incorporated with superelastic shape memory alloy dampers [J]. Smart Materials & Structures，2007，volume 16（16）：2202-2213（12）.

[165] Yan S，Wang Q，Wang W. Design and Experimental Investigation on a New Type of SMA-Fluid Viscous Damper [J]. Geomorphology，2010，120（3）：326-338.

[166] Zuo X B，Chang W，Li A Q，et al. Design and experimental investigation of a superelastic SMA damper [J]. Materials Science and Engineering：A，2006，438：1150-1153.

[167] 左晓宝，李爱群，倪立峰，等. 一种超弹性 SMA 复合阻尼器的设计与试验 [J]. 东南大学学报（自然科学版），2004，34（4）：459-463.

[168] Han Y L，Li Q S，Li A Q，et al. Structural vibration control by shape memory alloy damper [J]. Earthquake Engineering and Structural Dynamics，2003，32（3）：483-494.

[169] 薛素铎，董军辉，卞晓芳，等. 一种新型形状记忆合金阻尼器 [J]. 建筑结构学报，2005，26（3）：45-50.

[170] 薛素铎，王利，庄鹏. 一种 SMA 复合摩擦阻尼器的设计与性能研究 [J]. 世界地震工程，2006，22（2）：1-6.

[171] 薛素铎，石光磊，庄鹏. SMA 复合摩擦阻尼器性能的试验研究 [J]. 地震工程与工程振动，2007，27（2）：145-151.

[172] Zhang Y, Zhu S. A shape memory alloy-based reusable hysteretic damper for seismic hazard mitigation [J]. Smart Materials and Structures, 2007, 16 (5): 1603.

[173] Ma H, Cho C. Feasibility study on a superelastic SMA damper with re-centring capability [J]. Materials Science and Engineering: A, 2008, 473 (1): 290-296.

[174] 李宏男, 任文杰, 宋钢兵. 自复位超弹性 SMA 阻尼器 [P], 中国, 发明专利, 200720011605. 6, 2007.

[175] 李宏男, 任文杰, 宋钢兵. 耗能—复位 SMA 阻尼器 [P], 中国, 发明专利, 200720011606. 0, 2007.

[176] 李宏男, 任文杰, 宋钢兵. 多维超弹性 SMA 阻尼器 [P], 中国, 发明专利, 200720011607. 5, 2007.

[177] 宋娃丽, 戴辰, 任文杰, 等. 多维形状记忆合金阻尼器的设计及性能研究 [J]. 河北工业大学学报, 2010, 39 (1): 103-107.

[178] 韩玉林, 李爱群, 邢德进. 工程结构形状记忆合金超弹性拉、压、扭阻尼器 [P]. 中国专利: CN 03112846. 7, 2003.

[179] Falk F. Model free energy, mechanics, and thermodynamics of shape memory alloys [J]. Acta Metallurgica, 1980, 28 (12): 1773-1780.

[180] Falk F, Konopka P. Three-dimensional Landau theory describing the martensitic phase tran-sformation of shape-memory alloys [J]. Journal of Physics: Condensed Matter, 1990, 2 (1): 61.

[181] Tanaka K, Sato Y. Phenomenological Description of the Mechanical Behavior of Shape Memory Alloys [J]. Journal of Pressure Vessel Technology, 1990, 112 (2): 158.

[182] Patoor E, Eberhardt A, Berveiller M. Thermomechanical behavior of shape memory alloys [C]. European Symposium on Martensitic Transformations. EDP Sciences, 1989: 133-140.

[183] Sun Q P, Hwang K C. Micromechanics modelling for the constitutive behavior of polycrystalline shape memory alloys—Ⅰ. Derivation of general relations [J]. Journal of the Mechanics and Physics of Solids, 1993, 41 (1): 1-17.

[184] Sun Q P, Hwang K C. Micromechanics modelling for the constitutive behavior of polycrystalline shape memory alloys—Ⅱ. Study of the individual phenomena [J]. Journal of the Mechanics and Physics of Solids, 1993, 41 (1): 19-33.

[185] Boyd J G, Lagoudas D C. A thermodynamical constitutive model for shape memory materials. Part Ⅰ. The monolithic shape memory alloy [J]. International Journal of Plasticity, 1996, 12 (6): 805-842.

[186] Boyd J G, Lagoudas D C. A thermodynamical constitutive model for shape memory materials. Part Ⅱ. The SMA composite material [J]. International Journal of Plasticity, 1996, 12 (7): 843-873.

[187] Liang C, Rogers C A. One-dimensional thermomechanical constitutive relations for shape memory materials [J]. Journal of Intelligent Material Systems and Structures, 1990, 1 (2): 207-234.

[188] Brinson L C. One-dimensional constitutive behavior of shape memory alloys: thermome-chanical derivation with non-constant material functions and redefined martensite internal variable [J]. Journal of Intelligent Material Systems and Structures, 1993, 4 (2): 229-242.

[189] 曾攀, 杜泓飞. NiTi 形状记忆合金的本构关系及有限元模拟研究进展 [J]. 锻压技术, 2011, 36 (1): 1-6.

[190] Peultier B, Zineb T B, Patoor E. Macroscopic constitutive law of shape memory alloy t-her-momechanical behavior Application to structure computation by FEM [J]. Mechanics of Materials, 2006, 38 (5-6): 510-524.

[191] Tanaka K. A Thermomechanical Sketch of Shape Memory Effect: One-Dimensional Tensile Behavior [J]. Res Mechanica, 1986, 18: 251-263.

[192] C. Liang and C. A. Rogers. One-dimensional thermomechanical constitutive relations for shape memory materials [J]. Journal of Intelligent Material Systems and Structures, 1997, 8 (4): 285-302.

[193] L. C. Brinson. One-dimensional constitutive behavior of shape memory alloys: Ther-momechanical derivation with non-constant material functions and rede-ned martensite internal variable [J]. Journal of Intelligent Material Systems and Structures, 1993 (2): 229-242.

[194] C. Liang and C. A. Rogers. Design of shape memory alloy actuators [J]. Journal of Intelligent Material Systems and Structures, 1997, 8 (4): 303-313.

[195] Özdemir, H. , Nonlinear Transient Dynamic Analysis of Yielding Structures [D]. Dissertation, University of California, Berkeley, CA. 1976.

[196] Graesser E J, Cozzarelli F A. Shape memory alloys as new materials for seismic isolation [J]. Journal of Engineering Mechanics, 1991, 117 (11): 2590-2608.

[197] 钱辉. 形状记忆合金阻尼器消能减震结构体系研究 [D]. 大连理工大学, 2008.

[198] Kelly J M, Leitmann G, Soldatos A G. Robust control of base-isolated structures under earthquake excitation [J]. Journal of Optimization Theory and Applications, 1987, 53 (2): 159-180.

[199] Spencer B F, Dyke S J, Deoskar H S. Benchmark problems in structural control: part Ⅱ-active tendon system [J]. Earthquake Engineering and Structural Dynamics, 1998, 27 (11): 1127-1139.

[200] Yang J. N. , Wu J. C. , Samali B, et al. A benchmark problem for response control of wind-exeited Tall buildings [C]. Proeeedings of the 2nd world Conference on Struetural Control, wiley New York, 1999, 2: 1408-1416.

[201] Spencer B F J, Dyke S J. Next Generation Benchmark Control Problems for Seismically Excited Buildings [C]. Proeeedings of the 2nd World Conference on Struetural Control, Wiley New York, 1999, 2: 1135-1360.

[202] Ohtori Y, Christenson R E, Spencer Jr B F, et al. Benchmark control problems for seismically excited nonlinear buildings [J]. Journal of Engineering Mechanics, 2004, 130

(4): 366-385.

[203] Narasimhan S, Nagarajaiah S, Johnson E A, et al. Smart base-isolated benchmark build-ing. Part I: problem definition [J]. Structural Control and Health Monitoring, 2006, 13 (2-3): 573-588.

[204] Nagarajaiah S, Narasimhan S. Smart base-isolated benchmark building. Part II: phase I sample controllers for linear isolation systems [J]. Structural Control and Health Monitoring, 2006, 13 (2-3): 589-604.

[205] Erkus B, Johnson E A. Smart base-isolated benchmark building Part III: a sample con-troller for bilinear isolation [J]. Structural Control and Health Monitoring, 2006, 13 (2-3): 605-625.

[206] Narasimhan S, Nagarajaiah S, Johnson E A. Smart base-isolated benchmark building part IV: Phase II sample controllers for nonlinear isolation systems [J]. Structural Con-trol and Health Monitoring, 2008, 15 (5): 657-672.

[207] Agrawal A, Tan P, Nagarajaiah S, et al. Benchmark structural control problem for a seismically excited highway bridge—Part I: Phase I problem definition [J]. Structural Control and Health Monitoring, 2009, 16 (5): 509-529.

[208] Tan P, Agrawal A K. Benchmark structural control problem for a seismically excited highway bridge—Part II: phase I sample control designs [J]. Structural Control and Health Monitoring, 2009, 16 (5): 530-548.

[209] Nagarajaiah S, Narasimhan S, Agrawal A, et al. Benchmark structural control problem for a seismically excited highway bridge—Part III: Phase II Sample controller for the fully base-isola-ted case [J]. Structural Control and Health Monitoring, 2009, 16 (5): 549-563.

[210] Spencer B F, Dyke S J, Sain M K, et al. Phenomenological model for magnetorheologi-cal dampers [J]. Journal of Engineering Mechanics, 1997, 123 (3): 230-238.

[211] Sahasrabudhe S S, Nagarajaiah S. Semi-active control of sliding isolated bridges using MR dampers: an experimental and numerical study [J]. Earthquake Engineering and Structural Dynamics, 2005, 34 (8): 965-983.

[212] Iemura H, Pradono M H. Application of pseudo-negative stiffness control to the bench-mark cable-stayed bridge [J]. Journal of Structural Control, 2003, 10 (3-4): 187-203.

[213] Tan P, Agrawal A K. Benchmark structural control problem for a seismically excited highway bridge—Part II: phase I sample control designs [J]. Structural Control and Health Monitoring, 2009, 16 (5): 530-548.

[214] Attary N, Symans M, Nagarajaiah S, et al. Experimental Shake Table Testing of an A-daptive Passive Negative Stiffness Device within a Highway Bridge Model [J]. Earth-quake Spectra, 2015, 31 (4): 2163-2194.

[215] Agrawal A, Tan P, Nagarajaiah S, et al. Benchmark structural control problem for a seismically excited highway bridge—Part I: Phase I problem definition [J]. Structur-al Control and Health Monitoring, 2009, 16 (5): 509-529.